David Mukwekwezeke

O Reino do Zimbabué

David Mukwekwezeke

O Reino do Zimbabué

Ensaios de protesto

ScienciaScripts

Cover image: www.ingimage.com

This book is a translation from the original published under ISBN 978-3-659-86036-2.

Publisher:
Sciencia Scripts
is a trademark of
Dodo Books Indian Ocean Ltd. and OmniScriptum S.R.L publishing group

120 High Road, East Finchley, London, N2 9ED, United Kingdom
Str. Armeneasca 28/1, office 1, Chisinau MD-2012, Republic of Moldova, Europe
Printed at: see last page
ISBN: 978-620-7-98909-6

Índice:

O

REINO

DO ZIMBABUÉ

-Ensaios de protesto-

por

Dr. David T C Mukwekwezeke

INTRODUÇÃO

-lam quem eu sou. Provai que não o sou.

O meu nascimento...

Envolto em mistério. É uma crença prevalecente em muitas culturas de todo o mundo que as circunstâncias que rodeiam o nascimento de uma pessoa são um prenúncio do destino. Um profeta popular local ajudou a propagar esta noção, contando repetidamente a história de como os anjos falaram com os seus pais, etc., etc., etc.

O meu parto foi praticamente igual, exceto por uma pequena diferença: não sei nada sobre todo o fiasco. Como é que eu podia saber, quando tudo o que via eram luzes, rostos a espreitar e tudo o que me interessava era o líquido quente e de sabor estranho da grande borbulha da minha mãe. Como é que eu podia saber disso quando, tecnicamente, ainda não estava lá?

Pensem nisso. Em que momento é que o mundo começa a reconhecer-te? Não é quando nos irritas com o teu grito estridente, não. É quando o mundo vos dá um nome..... O mundo é representado pelo Estado, claro. Há sempre o Estado. A vigiar-nos, a vigiar-nos e a fazer quase nada mais do que vigiar.

Tudo o que sei é que nasci de uma mãe. Ela ainda lá está. O seu nome é Tamary. Tudo o resto é apenas o que o Estado me diz. É o Estado que dá nome a cada um de nós. Se calhar é aí que começa o problema. O Estado não deveria ter nada a ver com o facto de nos dar nomes, porque isso só levaria a insultos, como vemos sempre em todos os Estados. De qualquer modo, continuam a lembrar-me através dos seus memorandos (a minha certidão de nascimento, o cartão de identificação nacional, o passaporte, a carta de condução, em todo o lado, a toda a hora) que o meu nome é David Tinotenda Chekufa Mukwekwezeke e que fui bombardeado numa clínica do gueto. Alega-se que fui bombardeado numa sexta-feira, no dia 20th do mês sagrado de novembro. Dizem que isto aconteceu em 1987, mas quem sabe?

A minha infância...

Foi aqui que tudo começou. Sempre fui uma pessoa reclusa. Lembro-me do meu primeiro dia na creche como se fosse ontem. Frequentei esse infantário durante apenas um dia ou terá sido uma semana? Tudo o que me lembro é que detestava aquele sítio! Era no Dangamvura Beit Hall. Aparentemente, um génio da Câmara teve a brilhante ideia de reservar o local para gerir um jardim de infância, mas pelo caminho esqueceu-se do que era realmente uma escola.

Uma escola não é apenas um conjunto de edifícios, é uma instituição de ensino. É tão simples quanto isso. Uma instituição, por definição, é governada por um sistema e não por um indivíduo. Mesmo o mais pequeno desvio deste princípio básico conduzirá ao caos. Foi a apreciação profunda desta equação simples que deu a Albert Einstein, Wole Soyinka e Dambudzo Marechera o devido crédito. Dominar o básico é tudo o que é necessário para alcançar qualquer forma de sucesso.

Já nessa idade compreendia esse princípio básico e por isso fui-me embora. Fiz as malas e saltei a vedação para ir para a creche ao lado. Era muito melhor, mas eu não era melhor. Não me lembro de ter aprendido nada durante esses dois anos. Ficava fechada em mim própria e sentava-me atrás das cadeiras dos professores sempre que tinha oportunidade. Era demasiado retraída para fazer a coisa mais natural do mundo: coscuvilhar.

Talvez fosse porque estavam sempre a falar de mim e não queriam que eu ouvisse o que estavam a discutir.

Chanceler primário...

As coisas tornaram-se um pouco mais fáceis. Eu continuava a ser tímido e paguei um preço elevado por isso. Os dois primeiros anos foram caóticos. Fui mudado de uma turma para outra. Aparentemente, os professores não sabiam o que fazer comigo. Eu era uma coisinha difícil. Queria que tudo fosse à minha maneira. Fechava-me em casa se isso não acontecesse. Acho que ainda sou assim.

O que mais me afectou foi o estigma. A escola fica situada entre o hospital geral (onde eu viria a gostar imenso de trabalhar) e o centro da cidade. Ficámos em Dangamvura, que é um subúrbio de alta densidade num vale enterrado atrás de uma misteriosa cadeia de montanhas. Mutare está cheia de montanhas e vales. Estes actuam naturalmente como barreiras entre os diferentes habitantes. As pessoas de Dangamvura simplesmente não eram bem-vindas nos "subúrbios", apesar de isso ter

acontecido uma década depois de termos alcançado a independência.
A mentalidade colonial ainda prevalecia muito nessa altura. É evidente que isso mudou graças a Mugabe. Todos temos de admitir que, de uma forma ou de outra, o homem mudou a forma do Zimbabué.

Irmãos Maristas...

Estas pessoas ensinaram-me a ser um homem a sério. São um grupo de cavalheiros católicos que ensinam os rapazes a serem homens. Tive um encontro de seis anos com eles no meio das montanhas de Nyanga.
Tive contacto com rapazes que se tornaram grandes homens por direito próprio. David Hofisi (um advogado de direitos humanos) foi o que mais me inspirou. O meu melhor amigo acabou por ser quatro anos mais novo do que eu. Adrian Mhondiwa está agora a estudar engenharia na Argélia. Nelson Chiwara, a minha némesis da adolescência, está agora fechado num escritório no norte do estado de Nova Iorque. Tytan tornou-se, entretanto, um dos artistas mais populares do país. A lista é interminável.
Estudei muito São Marcelino Champagnat durante esses anos. Era um padre francês que gostava de ensinar e criou uma ordem de homens empenhados que faziam votos de celibato. Estes homens foram responsáveis pela formação de pessoas como o nosso Robert Mugabe, o que explica o facto de eu ter tanto respeito por ele. Ambos recebemos a mesma formação.

A universidade...

A melhor maneira de descrever estes anos é dizer simplesmente que eu estava com a Rutendo. Conheci-a na Escola Primária de Dangamvura, onde ambos estávamos a fazer trabalho de assistência como professores. O meu pai é um funcionário da Educação, por isso certificou-se de que eu arranjasse um emprego assim que terminei o liceu. Também trabalhei na Escola Primária de Rujeko e na Escola Secundária de Dangamvura.
Não sei dizer quando, como ou se me apaixonei por ela. Tudo o que sei é que ela foi a primeira pessoa com quem me senti à vontade. Ela é agora a minha mulher e a mãe dos meus dois filhos: Tayana, a minha filha, e Tamuda, o meu filho.

A vida no campus era tumultuosa. Quando iniciei a minha formação médica, a Universidade não providenciou alojamento para mim e para todos os outros estudantes com a mesma origem. Isso tornou-se uma espécie de tradição. É como se a Universidade não quisesse que os estudantes estivessem perto dela. Fui obrigado a ficar com o meu tio, já falecido, num subúrbio tranquilo, onde continuo a viver até agora.

A comida era irregular. A qualidade e a quantidade mudavam tão rapidamente que só agravavam a minha perturbação intestinal funcional. Este é o meu amigo de toda a vida. Tenho-o desde que nasci. Desde então, aprendi a viver com ela e a submetê-la à água com a minha bebida favorita: rum e coca-cola.

Escapou-me aos espancamentos. Em nenhum momento fui violada fisicamente e estou eternamente grata à Providência e ao Destino por isso. Tentei sempre fazer o meu melhor para me manter o mais discreto possível. Afinal de contas, não era nada de novo.

A minha formação acabou por se arrastar durante sete anos inteiros devido a uma combinação de doença e infortúnio de despedimento. Recebi finalmente o diploma de Bacharel em Medicina e de Bacharel em Cirurgia no dia 10th de junho de 2014. O dia da formatura foi um dia triste para mim. Simplesmente não estava feliz. No dia, só conseguia pensar naquilo por que tinha passado e ninguém parecia apreciá-lo. Foi um dos piores dias da minha vida. Foi um dos piores dias da minha vida.

Um médico dos direitos humanos...

Comecei este trabalho em 2007, quando me juntei à organização Médicos para os Direitos Humanos, com sede em Nova Iorque. Nessa altura, estava a viver com outro tio meu, Dickson Tendayi Kureya. Ele é, de longe, o meu tio preferido. Foi o primeiro intelectual com quem tive a oportunidade de ficar e aprendi muito com ele. Assinei petição atrás de petição atrás de petição. Ocasionalmente, escrevia um comentário sobre um artigo que achava interessante. Fiquei viciado no trabalho de ativismo dos direitos humanos. Por sorte, a Universidade introduziu um curso sobre Ética Médica quando estávamos no terceiro ano e o primeiro orador foi o Dr. Douglas Gwatidzo. Nessa altura, ele era muito ativo e, desde então, tem recebido vários elogios de todo o mundo.

As minhas outras inspirações vieram de Alec Muchedahama, Beatrice Mtetwa, Jestina Mukoko e do pastor Evan Mawarire e, claro, da bela Fadzayi Mahere.

O meu trabalho neste domínio tem sido, em grande medida, um trabalho independente. Aceito casos que sei que posso resolver. O meu último caso foi a organização de uma reunião à porta fechada entre estudantes de medicina e médicos seniores, com o objetivo de conseguir assistência jurídica para os estudantes nas suas eternas lutas com a famosa Universidade do Zimbabué.

MKD...

Mavambo/Kusile/Dawn é um movimento político liderado pelo Dr. Simba Makoni, que formou o partido quando se separou do ZANU-PF em 2008. Sempre me interessei por política e já tinha o homem debaixo de olho. Juntei-me imediatamente ao partido.

Fui subindo na hierarquia do partido até ser eleito Secretário para os Assuntos Jurídicos da Província de Harare no meu 27th aniversário. O partido ainda existe, mas eu já não participo ativamente nos seus assuntos. Desde então, a direção deixou de me envolver. A última reunião que tive com eles foi no início de 2016, quando me convidaram para ser o seu presidente nacional da juventude. Aceitei a proposta, mas nunca lhe deram seguimento.

Capítulo 1

A HISTÓRIA NUNCA PODE MUDAR A VERDADE

-Contra o abuso da história

Sempre houve uma conspiração persistente por parte dos governantes deste mundo para apagar a verdade da História. A mudança na terminologia da cronologia de BC (Before
Cristo) para BCE (Before the Common Era) e de AD (Anno Domini) para CE (Common Era) é a mais flagrante de todas. A mudança tem sido defendida sem reservas tanto pelos panteístas como pelos ateus que decidiram desacreditar Jesus Cristo como tendo qualquer significado histórico.

A mesma abordagem tem sido sistematicamente utilizada para difundir os verdadeiros ensinamentos e a presença de Jesus Cristo em culturas estrangeiras, começando na Grécia, onde a mitologia e o culto pagão foram introduzidos na Igreja.

O mundo científico tem, aparentemente, um único objetivo: desacreditar a presença de Jesus Cristo ou mesmo de Deus. A caça ao ganso selvagem em busca da "partícula de Deus" é apenas parte desse estratagema. É para desviar a atenção da verdade óbvia de que o que eles estão procurando é realmente um Ser que por um tempo andou nesta terra como carne e osso. Parece que há um esforço consciente para se afastarem da verdade, apesar de afirmarem que o único objetivo da ciência é procurar a verdade.

O domínio da arqueologia é um caso único. Enfrentou um período tórrido e sombrio quando foi enviado a perseguir a falsa teoria da evolução. O próprio Charles Darwin admitiu, no seu leito de morte, que tinha remorsos pelo trabalho da sua vida. Desde então, a arqueologia tem-se redimido, procurando positivamente descobrir as provas concretas de que os acontecimentos bíblicos tiveram, de facto, lugar. O crânio de Golias foi supostamente desenterrado. A cidade de David foi encontrada. Vários livros escritos nos tempos bíblicos continuam a ser encontrados por todo o lado. O Livro de Enoque é um bom exemplo. Não se percebe porque é que os cientistas continuam a rejeitar a Bíblia, quando as provas que validam a verdade e a exatidão das Escrituras já ultrapassaram este ponto

esmagadora. Porque é que eles lutam tanto para fugir da Verdade real? Não é disso que trata a Ciência, da procura da Verdade?

A história política também nunca pode mudar a verdade sobre o presente. A verdade existe fora dos limites do próprio tempo. A História é apenas uma recordação de diferentes pontos de vista sobre a mesma linha temporal. A mesma data, hora, minuto ou segundo é vista de forma diferente de um indivíduo para outro, pelo que a História não é mais do que uma opinião de quem a está a recordar. É assim, senhoras e senhores, que eu explico a Teoria da Relatividade em termos políticos e teológicos.

O facto de a incompetência de um governo não precisar da história para a validar é puramente científico. A competência é uma medida objetiva, não é subjectiva ou preconceituosa. Há parâmetros que podem ser utilizados, que existem fora dos limites do tempo, para quantificar a incompetência de um governo. Assim, é contra a lógica ter um governo que justifique todas as suas acções apresentando uma história do porquê e do como estão no poder. A ciência simples desmente esta futilidade, a matemática está simplesmente errada.

SOBRE O PODER DAS LÁGRIMAS

-Contra a perseguição do clero.

A função das lágrimas é limpar. O regime de Robert Mugabe tem vindo a prender e a acusar repetidamente membros do clero que se manifestam contra as violações dos direitos humanos cometidas pelo sistema. Este é um caso clássico de invasão da Lei pelo Eclesiástico.

O que torna os protestos do clero únicos é o seu tom profético, por oposição ao tom desanimado a que o governo estava habituado. A convicção na redação é arrepiante. Faz-me lembrar João Batista em Mateus 3:1-3 da Bíblia Sagrada. Se, num mundo distorcido, o presente fosse uma indicação da história, eu diria que o estado da nação do Zimbabué é semelhante ao estado de Israel nessa altura: perda de esperança, opressão, supressão e perseguição.

Os judeus tinham fome de milagres. Aglomeravam-se à volta de qualquer pessoa que fizesse milagres, independentemente da origem do poder. Neste ponto, traço paralelos com outra história perturbadora de um milagreiro pagão que foi elevado à fama e à fortuna num país onde 85% dos seus cidadãos se dizem cristãos. Aqueles que gravitavam em torno de João Batista eram atraídos pela sua humildade, autoridade e, acima de tudo, milagres. Parece que só alguns ouviram a mensagem central que ele tinha; que havia um maior que já andava no meio deles, mas as pessoas não o conheciam. Pode deduzir-se que estes manifestantes de colarinho sabem da existência de um indivíduo que estão absolutamente convencidos de que foi ordenado pelo próprio Deus para derrubar Mugabe.

De acordo com a neurociência básica, o efeito de ver alguém a chorar (ou a chorar) é sentir vontade de chorar. Trata-se de ciência básica e não de fraqueza ou sentimentalismo. Foi isso que distinguiu os clérigos em questão de todos os anteriores defensores dos direitos humanos: a sua capacidade de se relacionarem. É quase impossível parar um choro genuíno, mesmo com a ameaça de morte. O choro tem o mesmo efeito dominó que o riso e o bocejo. São todos contagiosos.

A ciência pura prevê, portanto, que uma onda de choros díspares e desesperados vai eclodir até que a nação fique seca de lágrimas... o que pode ser nunca. A ciência é muito perigosa.

Capítulo 2

SOBRE A APATIA DOS ELEITORES

-Contra os abusos eleitorais

Defino a apatia do eleitor como uma visão desanimada do eleitor que não vê qualquer incentivo para votar. Isto ocorre normalmente quando existe um sistema político que funciona acima das restrições constitucionais do poder. Este fenómeno não é exclusivo do Zimbabué, mas a distinção reside no facto de haver uma participação eleitoral oscilatória noutras partes do mundo com sistemas democráticos muito mais maduros. No Zimbabué, desde a assinatura do Acordo de Unidade, em 1987, em que foi violentamente santificado um Estado de partido único, tem havido uma visão apática do poder do voto, que tem vindo a agravar-se.

O atual estado de apatia dos eleitores não tem paralelo. Toda a gente está farta. Até os dedos do Presidente estão fartos. Simplesmente não há escolhas no atual boletim de voto. Quem, de entre estes políticos envelhecidos, é suficientemente competente para quebrar uma maldição de setenta e tal anos, que todos eles cresceram a ver desfazer-se mesmo à frente dos seus olhos? Cresceram sob regimes opressivos, pelo que, quando o atual regime chegou ao poder, já estavam habituados à opressão. Demoraram mais tempo do que o habitual a ver como foram enganados, porque desta vez o opressor tinha a mesma cor de pele, a mesma língua e as mesmas relações. Os políticos espalhados por toda a nossa fossa política, que é a política partidária, pertencem todos à mesma geração. Pensam todos da mesma maneira e já nos demonstraram, através dos défices comparativos do Governo de Unidade, que agem da mesma forma.

O que o Zimbabué precisa é de uma mudança radical de paradigma, deixando de agrupar as diferenças políticas com base em variações ideológicas e passando a traçar uma linha reta mesmo no meio do campo político, com apenas dois combatentes: os jovens contra os velhos ou os progressistas contra os retrógrados. Considero bastante revelador o facto de todas as perguntas feitas a qualquer um dos políticos da atual geração sobre política serem respondidas com folclore e façanhas numa ou noutra guerra antiga. Os políticos do partido no poder gostam de dar lições sobre a história da última Chimurenga, enquanto os da oposição gostam de contar histórias sobre como foram os melhores a perder contra o partido no poder.

Proponho uma ideia radical. Que tal abolirmos todos os partidos políticos e dividirmos o campo político por idades? Todos os políticos da atual geração pertencem ao mesmo lado e os jovens organizar-se-ão num grupo político unificado. Que tal fazermos uma alteração constitucional que conceda ao Presidente em exercício uma presidência vitalícia, na condição de a sua família se manter afastada da política e da vida pública? Que tal realizarmos um referendo para votar na Bíblia Sagrada como nossa Constituição? Por que não? O Império Britânico não tem uma Constituição escrita. A Constituição americana é um resumo dos fundamentos morais da Bíblia. Mesmo as nações árabes que têm um texto religioso como Constituição (o Alcorão) estão a fazer muito melhor do que estes países africanos que gostam de complicar coisas simples.

Há apatia dos eleitores no Zimbabué. É um cancro que nos vai consumir se não deixarmos de olhar para o Ocidente ou para o Oriente em busca da nossa salvação, mas olharmos para o NORTE em busca de bênçãos e de paz.

SOBRE A RESPONSABILIDADE DO CIDADÃO

-Contra o elitismo-

Democracia significa "poder do povo, para o povo, pelo povo e para o povo". Na Universidade do Zimbabué, tem um nome mais curto mas mais eficaz: "Injure One, Injure All!". Em toda a extensão e profundidade de África, é referido apenas com uma palavra: Ubuntu. Assim, torna-se uma grande farsa contra a justiça quando vemos um subconjunto da nossa sociedade simplista a difamar o significado de "uma luta pelo povo".

No Zimbabué, tal como na maioria das nações africanas, aqueles que lutaram contra a colonização europeia tomaram o Estado como refém sob o pretexto de "defender a nossa independência, soberania e integridade territorial". Aqueles que empunharam e usaram a arma para conquistar a liberdade mantiveram-se fiéis aos seus ideais. É importante recordar que a arma e a política da nossa pequena nação nunca se separaram desde o seu casamento nos anos cinquenta.

É também obrigatório recordar que a nossa independência foi conquistada com recurso ao terrorismo, à propaganda e a um enorme e pesado despertar espiritual. Nada do que foi feito durante o Segundo Chimurenga passou sem uma ou outra aprovação espiritual. Acho estranho que aqueles que tinham as armas se tenham voltado para a ajuda dos antepassados, enquanto os políticos se voltaram, um pouco secretamente, para os profetas cristãos da época. Não será um sinal de que a mesma abordagem (sem perda de vidas) deveria ser empregue se alguma vez houver uma transição de poder do antigo para o novo?

Gostaria de chamar a atenção do gentil leitor para uma comparação interessante. A jovem nação do Zimbabué está agora num ponto em que a situação e o clamor dos jovens da Rodésia são assustadoramente semelhantes aos que os jovens de hoje enfrentam. Na realidade, a situação é pior. A taxa de desemprego é agora mais elevada do que na Rodésia, embora a taxa de literacia seja agora inversamente proporcional. Existe também uma demarcação clara e definida na sociedade com base na contribuição económica e na posição social. Na Rodésia, a elite era constituída pela minoria branca, rica e racista, mas desde então foi substituída por uma cabala de políticos que se encarregaram de partilhar e pilhar a sua própria nação e os seus irmãos (com a mesma cor de pele), tal como os europeus dividiram a África entre si. A luta pelo direito de participação nos assuntos do Estado nunca foi, na história da humanidade, uma tarefa fácil. É necessária uma revolução monumental para instaurar uma verdadeira democracia, mas é também necessária uma dedicação inabalável para que o novo sistema democrático colha os frutos correspondentes aos sacrifícios efectuados. A política e a economia são tão inseparáveis como a política e a religião são o Zimbabué. A política espiritual e o sucesso nacional vão e vêm na mesma direção. Isto traz-nos a questão do constitucionalismo.

Talvez o Zimbabué precise de começar a tirar lições das civilizações mais maduras, sem deitar fora a sua identidade cultural, como é óbvio. Uma solução constitucional simples seria votar na Bíblia Sagrada como a nova Constituição, em vez de vacilando ou circum-navegando em torno da verdade que é o sentido da vida e como apreciá-la plenamente.

Qual é então o nosso papel como cidadãos? Comecemos pela definição de "cidadão da República do Zimbabué". Permitam-me que faça uma simplificação ousada. Um cidadão da República do Zimbabué é aquele que possui um cartão de identificação nacional com o seu nome. Note-se que o seu cartão de identificação nacional não tem qualquer título. O Estado reconhece-o apenas como o nome próprio, o nome do meio e o apelido escritos no bilhete de identidade. É aqui que começa a nossa responsabilidade enquanto cidadãos. Quando um cidadão vê um concidadão a abusar dos seus direitos constitucionais, é dever do Estado intervir. É da maior importância que este simples facto fique bem guardado na nossa consciência quando interpretamos a nossa segurança constitucional no Estado.

Em suma, a responsabilidade do cidadão é seguir a Constituição à letra. Se a Constituição diz que é preciso votar, então obedeça. Se a Constituição diz que temos liberdade de expressão, então devemos obedecer.

A LINHA TÉNUE ENTRE A CORAGEM E A ESTUPIDEZ

-Contra activistas demasiado zelosos.

Por vezes, é impossível distinguir entre os dois: bravura e estupidez. Na maior parte dos casos, até partilham a mesma definição. Em nenhum outro domínio esta dicotomia aparentemente mutuamente exclusiva é mais ténue do que numa guerra ou numa revolução.

O mundo tem assistido em primeira fila a esta tragédia na Península da Coreia. Como o Presidente do Zimbabué disse, e bem, na Assembleia Geral da ONU deste ano, "estamos todos envergonhados, se não mesmo assustados". O que torna todo este cenário ainda mais sinistro é o facto de o detonador das armas nucleares estar nas mãos de dois rufias infantis. A sua retórica pobre denuncia a sua fraqueza. Se basta um post no Twitter para que um alto funcionário seja despedido, então tememos o resultado de uma birra que corre mal.

O Zimbabué nunca foi poupado a este pântano turvo e obscuro. O que vemos na nação é um jejum forçado sobre um eleitor cristão já espancado, sem outra arma senão a oração, a fé e a esperança. O entusiasmo ainda é escasso. O que impregna a atmosfera é o desânimo perante um resultado já selado antes de ser aberto. A economia está a sofrer uma queda vertiginosa e ninguém esperava que fosse tão rápida e tão rápida. Todos estavam ocupados a concentrar-se no drama que é a política do Zimbabué.

O resultado foi um efeito de cogumelo entre os jovens politicamente ambiciosos que também querem um pedaço do comboio da corrupção que avança em direção a um abismo cataclísmico que agora acena à nossa porta. A maior ameaça à recuperação e ao progresso da nação é a cabala de jovens errantes que optaram por imitar o sistema governamental falhado. O que escapa ao seu raciocínio aberrante é o facto de o comboio a que se agarram estar prestes a chegar à sua última estação.

O atraso não é uma opção. As palavras inflamatórias podem acabar por nos matar a todos. Esta é a altura em que todos devemos aprender o poder das palavras, tanto escritas como faladas. Uma única palavra pode levar-nos ao reino da estupidez sob o pretexto de bravura.

Capítulo 3

PLATÃO SOBRE OS PROFESSORES E A POLÍTICA

-Contra o silêncio dos intelectuais-

A maior dádiva dos gregos ao mundo foi a civilização. Eles até a definiram para aqueles de nós que escolheram receber a dádiva. É simplesmente a mudança de governo, de um governo governado pela luta para um governo governado pelo pensamento. Platão é o filósofo que fez com que isso acontecesse.

Sempre achei peculiar a influência que os seus ensinamentos tiveram no cristianismo. Diz-se que a sua influência foi exercida por Aurelius Augustinus (Santo Agostinho de Hipo), um bispo do Norte de África e intelectual católico que fundiu as obras da filosofia grega com as Sagradas Escrituras. Santo Agostinho é o mesmo homem que deu nome a uma das maiores escolas da história do Zimbabué.

Platão exerceu uma influência tão profunda na sociedade moderna que se tornou num nome associado aos fundamentos de qualquer coisa "organizada num sistema". Os historiadores têm sempre achado um desafio delinear entre as palavras reais de Platão e as do seu professor (Sócrates) ou do seu aluno (Aristóteles). É quase consensual que as suas obras actuais perduraram mais do que as de qualquer dos seus contemporâneos; diz-se que sobreviveram durante os últimos 2400 anos.

A ligação entre Platão e o cristianismo tem um número considerável de seguidores no mundo da filosofia. Estes fervorosos seguidores chegaram ao ponto de descrever o cristianismo como "platonismo para o povo" e alguns apelidaram Platão de "o Moisés helénico". Se eu me juntasse a este comboio de molho, seria obrigado a argumentar que Platão era o mesmo homem que Paulo, o maior apóstolo das Escrituras, e que Sócrates, o suposto professor de Platão, era na realidade Saulo, o que significa que eram o mesmo homem. Os registos são tão nebulosos que sinto que este argumento poderia ser válido se eu fosse desafiado a defendê-lo.

A maior obra de Platão sobre política, A REPÚBLICA, lançou as bases sobre as quais se deve consumar a relação entre os intelectuais e a política numa civilização. A obra traça um quadro completamente oposto ao que temos na nossa "civilização moderna". Platão ensinou-nos que o papel dos intelectuais na sociedade é orientar os políticos para que tomem decisões baseadas na razão e impedi-los de usar a força para governar. Também implora aos intelectuais que desafiem constantemente as decisões dos políticos e os responsabilizem por todas as acções que tomam. É uma tragédia lamentável ver como nos afastámos desta exortação para nos tornarmos uma sociedade em que os intelectuais fecham a boca e ignoram a evasão dos seus políticos.

A Providência proporcionou à nossa civilização moderna uma nova oportunidade para ter em conta este princípio simples, sob a forma de Noam Chomsky, o maior filósofo vivo do mundo. O seu ensaio seminal, A Responsabilidade dos Intelectuais, publicado em 1967, repetia essencialmente o que Platão tinha escrito dois milénios e meio antes. Chomsky escreveu o ensaio em protesto contra o silêncio dos intelectuais americanos em relação ao papel do governo dos EUA na Guerra do Vietname. Considero particularmente interessante o facto de o seu trabalho com E.S. Herman, em que defendiam a liberdade incondicional de expressão, ter sido bem articulado por J.M. Cotzee na sua primeira obra de ficção, Dusklands, que também foi publicada na mesma altura.

A raça mais pura de intelectuais tem castigado sistematicamente o uso da propaganda como uma abominação em qualquer civilização que se preze. Tivemos uma experiência em primeira mão desta repressão sob as mãos de um intelectual que entrou na política e foi encarregado do ministério da informação de um regime opressivo. Podemos estabelecer um paralelo com o regime nazi, em que um intelectual, o Dr. Paul Joseph Goebbels, foi encarregado da propaganda. Os homens partilham semelhanças notáveis, até ao tato. Quase suspirei de alívio quando este académico deu recentemente uma conferência de imprensa em que lamentou a traição dos intelectuais que não têm repreendido ativamente os políticos, mas o meu suspiro parou a meio quando me apercebi de que a conversa tinha voltado a girar em torno dos animais nas t-shirts.

A relação entre o mundo académico e o mundo político não é unilateral. Pode correr na direção oposta e ainda assim dar frutos. O nosso país é um bom ponto de partida.

O atual Presidente nunca fez segredo de que respeita qualquer pessoa com uma mente perspicaz e instruída. Isso explica a presença contínua e inexplicável do académico-político acima referido. A educação é o legado do nosso Presidente. Apesar de todos os seus defeitos, ele será sempre recordado como o homem que nos ensinou o valor da educação. Tornou-se norma que, no Zimbabué dos nossos dias, é preciso ter uma boa educação para se ter qualquer tipo de credibilidade. Estamos a evoluir rapidamente para uma sociedade em que um doutoramento é uma necessidade absoluta para se poder exercer qualquer tipo de cargo público.

PLATÃO SOBRE OS PROFESSORES E A POLÍTICA

-Contra o silêncio dos intelectuais-

Algures ao longo da evolução humana, de uma existência binária (Sobrevivência vs Morte) para uma mancha cinzenta de moralidade, perceção, filosofia e dogma, foi injectada na psique humana uma falácia que afirma que a sabedoria vem com a idade. Nada pode estar mais longe da verdade.

Para refutar esta ideia errónea, podem ser evocadas inúmeras ilustrações. O domínio da matemática é um bom começo. Albert Einstein descobriu as suas teorias inovadoras aos vinte anos. Stephen Hawking começou a fazer descobertas inovadoras nos seus vinte anos. Isaac Newton iniciou a sua viagem intelectual aos trinta anos. A lista é exaustiva. Nas últimas décadas, tem havido um aumento do número de génios precoces que têm sido exaltados em programas de televisão como *Child Genius*. Uma mente atenta começará agora a argumentar que génio e sabedoria são entidades separadas. O campo da literatura rega esta refutação.

A Geração Beat é um exemplo clássico de que o génio existe em proporção inversa à sabedoria. D.H Lawrence era inteligente mas não era sábio; era alcoólico. Muitas outras mentes literárias sucumbiram também a várias formas de perversão, chegando mesmo ao ponto de se suicidarem. E, claro, sem esquecer o nosso doppleganger zimbabueano, Dambudzo. Acho interessante o facto de os autores viverem uma vida independente de algumas das personagens muito sábias que criam. Tenho mesmo a ousadia de afirmar que todos os escritores, de uma forma ou de outra, escreveram sobre o seu "eu mais sábio". Esta teoria é válida para aquele subconjunto de autores cujas obras são semi-autobiográficas. Os artistas plásticos actuam da mesma forma. Vejo a idade apenas como uma contagem decrescente para o inevitável. Permitam-me que abra as páginas da Verdade Eterna. O rei David era muito sábio numa idade muito tenra, a ponto de o rei reinante também o temer por causa da sua sabedoria. [1 Samuel 18:15]. Davi começou seu reinado aos 30 anos de idade. [2 Samuel 5:4]. O rei mais sábio das Escrituras Sagradas, Salomão, admitiu que era jovem no início do seu reinado, mas sabia que há uma maneira de ganhar sabedoria apesar da idade. [Gostaria de chamar a atenção do leitor para o facto de Deus ter concordado com Salomão na definição de sabedoria. Ela foi definida como a capacidade de "discernir entre o bem e o mal". [1 Reis 3:9]. Uma definição muito simples para um conceito demasiado sensacionalista.

Pode estabelecer-se um paralelo com o 14º Dalai Lama, Jetsun Jamphel Ngawang Lobsang Yeshe Tenzin Gyatso . No seu livro "SABEDORIA ANTIGA, MUNDO MODERNO: Ética para o Milénio", publicado em 1999, ele exorta a humanidade a procurar a sabedoria com base na disciplina, na virtude, no amor, na compaixão, na paciência, na tolerância e no perdão. Penso que vale a pena ouvir este homem, que ganhou o Prémio Nobel da Paz em 1989, aos 54 anos, e que iniciou o seu reinado com a tenra idade de apenas 2 anos.

Conforta-me o facto de um ser humano só poder viver até ao limite estipulado de 120 anos. [Génesis 6:3]. Talvez não seja assim tão reconfortante para os cidadãos da pequena mas extremamente abençoada nação do Zimbabué. Também acho que o antigo Império Munhumutapa, cuja capital era o Grande Zimbabué, é a terra bíblica de Ofir. Mas estou a divagar.

Recentemente, teve lugar um debate hilariante no parlamento nacional, no qual o Ministro da Justiça tentou depreciar um jovem e perspicaz político da oposição por causa da idade, dando assim um pontapé no vespeiro que é a idade avançada do Presidente (93 anos). Se esta verdade bíblica for tomada ao pé da letra, pode significar que o referido Presidente geriátrico poderá reinar durante mais 27 anos!

Capítulo 4

A ANATOMIA DA LOUCURA

-Contra o estigma-

Há um excesso de teorias que tentam explicar a loucura. Sinceramente, penso que se trata de um ato de futilidade. A loucura não é um estado de espírito objetivo, mas uma conclusão subjectiva da singularidade de uma pobre alma. Como disse um grande Raboni: "Quem não tem pecado que atire a primeira pedra". Todos nós, de vez em quando, exibimos aquilo que a sociedade contemporânea pode considerar como processos de pensamento, discurso e comportamento inaceitáveis, mas seria insensato classificar isso como insanidade manifesta.

A teoria mais interessante é aquela em que o génio criativo sofre de uma ou outra forma de doença mental. As mais comuns são a esquizofrenia e a perturbação afectiva bipolar. Alguns chegam mesmo a afirmar que os escritores de talento prodigioso produzem o seu melhor trabalho quando estão a definhar no escuro da depressão. Talvez haja um mínimo de facto nesta hipótese, mas como pode ser definitivamente provada? Dizem que Vincent van Gogh tinha esquizofrenia e Nikola Tesla tinha perturbação obsessiva compulsiva (TOC). A lista é infinita e, comparativamente, obsessiva por direito próprio.

O génio literário do Zimbabué, Dambudzo Marechera, não foi poupado a esta conjetura. Há muito que os poderes instituídos concluíram que ele sofria de esquizofrenia paranoica. Devo admitir que o argumento para esta afirmação é difícil de refutar. O Dambudzo tinha uma propensão para as excentricidades que não se envergonhava de revelar.

Por onde quer que passasse, deixava um rasto de destruição alimentado pela anarquia. É mais recordado por ter atirado porcelanas caras contra candelabros quando recebeu o prémio

Prémio de Ficção do Guardian em 1979. A sua defesa foi a de que estava a protestar contra a hipocrisia do establishment britânico, que preferiu concentrar-se na literatura africana em vez da política e da opressão africanas. É também (in)famoso por ter provocado o caos na Universidade de Oxford, onde estudava Literatura Inglesa, um diploma que nunca chegou a obter devido ao seu comportamento errante, o que obrigou a universidade a mandá-lo embora. A universidade foi suficientemente benevolente para conceder a Dambudzo um indulto, desde que ele aceitasse procurar aconselhamento e tratamento psicológico. Ele recusou liminarmente.

A loucura é um termo coloquial que designa a psicose e, eventualmente, a mania. A psicose é definida como a presença de alucinações e/ou delírios com comportamentos e pensamentos desorganizados subjacentes. A mania é uma perturbação do humor que provoca uma excitação extrema e uma grandeza de espírito. A depressão não necessita de definição. Quando estas definições são colocadas em contexto, torna-se evidente que chamar a alguém "louco" é basicamente ofensivo. Se acrescentarmos a isto o facto de a loucura ser sinónimo de distanciamento da realidade, temos uma receita para fugir ao discernimento.

É esta última definição (distanciamento da realidade) que dá o devido crédito às teorias acima expostas. Quando se opta por desafiar as possibilidades e as probabilidades da realidade, o que resta é uma mente aberta disposta a vaguear à beira da insanidade. É exatamente esta anarquia psicológica que gera uma criatividade extraordinária.

A arte impressionista e abstrata não teria sido criada se estes limites não tivessem sido ultrapassados ou dobrados. O mesmo se aplica à literatura. A literatura de fluxo de consciência não teria sido formulada sem testar os fundamentos da realidade. A Geração Beat apropriou-se deste conceito e criou as obras de arte mais intelectualmente desafiantes que alguma vez vimos. Tudo isto explica o facto de todos os pioneiros da arte "não ortodoxa" terem sido tratados com desprezo e desconfiança por pessoas confortáveis com o realismo.

Acho particularmente interessante o facto de aqueles que utilizam a mesma abordagem nas ciências não terem tido o mesmo destino. Um bom exemplo é Albert Einstein. Quando publicou as suas teorias da relatividade, ninguém o acusou de loucura, apesar de o seu trabalho se basear em experiências de pensamento. É claro que isto pode ser facilmente explicado pelo facto de as teorias científicas poderem ser provadas, mas, por outro lado, o que dizer do período intermédio entre a conjetura e a prova. Se eu fosse um contemporâneo, teria sido certamente tentado a chamar-lhe louco.

Qual deve ser então a nossa abordagem em relação àqueles que a sociedade considera loucos? Proponho que deitemos fora o termo por completo. É ofensivo e elitista. Quem somos nós para definir a realidade? A realidade é um éter fluido; desloca-se e muda. Quando a sociedade nos chama "loucos", estamos feitos. Se tentares refutar ou rejeitar, só te afundarás ainda mais. Se voltar a aceitá-lo, afundar-se-á ainda mais. A loucura é um charco de areia movediça onde não há fuga possível.

É MRS GRACE MUGABE... NÃO DOUTOR

-Contra a invasão política do mundo académico-

As palavras são teimosas. Têm a tendência de não desaparecer. Sempre que vejo o a palavra DOCTOR antes do nome de Grace Mugabe, que tem exatamente a mesma grafia que o prefixo do meu próprio nome, enche-me de repulsa, especialmente tendo em conta que o mesmo homem que lhe conferiu esse título também me conferiu o mesmo título no mesmo dia, sexta-feira, 12 de setembro de 2014.

Nesse dia, o mundo académico e político do Zimbabué celebrou o nascimento de uma prole consumada debaixo dos lençóis. Grace Mugabe recebeu o beijo de Judas e foi galardoada com 30 moedas de prata com o selo de Doutora em Filosofia. Joyce Mujuru recebeu o mesmo beijo e também recebeu o seu próprio selo. A história provou entretanto que, em vez de 30 moedas de prata, a sua prenda foram 40 chicotadas. Lazarus Dokora recebeu o seu selo de Doutor em Filosofia. Nelson Chamisa recebeu um aperto de mão e um diploma de bacharelato em Direito. Eu, claro, fui ignorado e, a contragosto, recebi os meus papéis de divórcio; os meus diplomas de Bacharel em Medicina e de Bacharel em Cirurgia.

Lembro-me perfeitamente desse dia. Estava um calor abrasador e, no habitual estilo de guerrilha, o povo diplomado estava obedientemente sentado ao sol, enquanto os chefes de fila andavam, falavam e riam nos recantos reconfortantes das tendas VIP. Ficámos todos muito surpreendidos ao ver Grace Mugabe e Joyce Mujuru sentadas ao lado do Chanceler, em trajes académicos completos. Lembro-me de pensar: "O rei

e as suas duas rainhas". Nessa altura, não sabia que naquela tenda estava sentado o falso profeta que tem andado a perseguir as almas dos nossos filhos.
Guardei vários exemplares do folheto da cerimónia de formatura porque estou convencido de que se revelarão muito valiosos no futuro. É a prova concreta de um dia histórico único que apenas algumas pessoas vivas tiveram o privilégio de testemunhar. O documento é também uma prova definitiva de ADN de que o poder pode ser transmitido sexualmente.
Como é que a Grace obteve exatamente o seu doutoramento? Vamos ao que interessa. A maior parte das pessoas não sabe que aquilo a que chamamos o "Dia da Licenciatura" na Universidade do Zimbabué é puramente cerimonial. A formatura propriamente dita, ou seja, a obtenção do diploma, teria ocorrido meses antes. Isto significa que na UZ até a graduação é um processo. A instituição foi concebida de tal forma que não se deve sentir qualquer tipo de prazer ao aprender. É uma escola antiga. Qualquer pessoa que tenha estudado na Universidade do Zimbabué dir-lhe-á que obter um diploma da UZ é quase equivalente a passar por um batismo de fogo. A Universidade parece encontrar sempre uma forma engenhosa de nos afetar e é precisamente por causa desta dor partilhada que se pode facilmente detetar um falso licenciado. É fácil de perceber. Sente-se o cheiro. Esta simples aura estava ausente da sua presença na nossa cerimónia sagrada.
Posso não ter provas, mas tenho uma teoria, uma teoria muito simples. Grace Mugabe foi intimidada por Joyce Mujuru, pelo que teve de copiar e contrariar tudo. É tão simples quanto isso. Grace Mugabe queria o que Joyce Mujuru tinha, mas não estava disposta a trabalhar arduamente para o conseguir. É um caso clássico de bem contra o mal.
Provavelmente ouviu dizer que a Joyce estava "ocupada a percorrer o país a falar com pessoas e a escrever coisas". Sendo a pessoa de mente simples que é, a sua primeira pergunta foi: "Com quem é que ela está a falar?". Disseram-lhe que a Joyce parecia estar a fazer uma espécie de investigação. "Pesquisa?!!! Isso é mentira. A Joyce está a pedir às pessoas que assinem coisas para se livrarem de mim", é o argumento narcisista e superficial que me parece estar a soar na sua mente. Apenas algumas

semanas antes da "Graduação", ela percebe finalmente que a Joyce estava a estudar para um doutoramento, entra em pânico e organiza uma reunião familiar. Sentam-se à mesa da família e Chatunga, drogado como um papagaio, faz uma sugestão que agrada à sua mãe simplória - "Mãe, porque não vais ao teu escritório, lês as certidões de nascimento de todos os órfãos do teu lar e pedes ao papá para te escrever algo inteligente". Em duas curtas semanas, uma dissertação foi compilada, escrita, revista, avaliada por pares, publicada, defendida perante um painel de professores e entregue ao Chanceler. O Chanceler faz um viva voce e examina o doutorando. Por falta de um espaço melhor, a viva voz realiza-se no quarto. O estudante responde às perguntas de forma gentil e o Chanceler pára de falar. Faz-se amor. É concebido um diploma e, na sexta-feira, 12 de setembro de 2014, fui obrigado a bater palmas enquanto essa criança bastarda era entregue.

Como já disse, não estava lá

Capítulo 5

A ANATOMIA DA LOUCURA

-Contra o estigma-

-Contra a perseguição ao escritor

A analogia entre a caneta e a espada é intemporal e irrevogável. A minha "espada" favorita é a fiel caneta BIC® clic medium black ball pen (foto acima). Tenho sempre pelo menos duas no meu bolso. Nunca ejaculou no meu bolso e nunca gagueja. É fácil de carregar; o botão de pressão lateral é resoluto e nunca cede à pressão da minha escrita bruta. A ponta é fina e elegante. A caneta em si é muito leve e fácil de manipular. É como uma AK47: fiável e obediente.

O único objetivo de uma caneta é servir de meio de transmissão para o papel do que está na mente. Assim, na minha opinião, é inútil andar por aí com um congresso de ideias na cabeça sem se munir de um meio de utilizar a arma mais poderosa de toda a eternidade - uma ideia. RudolfHess e Emil Maurice, como secretários de AdolfHitler na prisão, puseram no papel uma das ideias mais perigosas alguma vez formuladas - o *Mein Kampf* de Hitler. Wole Soyinka massajou a sua sanidade mental e abalou todo o governo nigeriano ao escrever em papel de seda na prisão, no seu percurso para ganhar o Prémio Nobel da Literatura de 1986. Albert Einstein escreveu o famoso $E=mc^2$ em papel do governo suíço, enquanto trabalhava no gabinete de patentes. O Alcorão Sagrado, a Bíblia Sagrada, as impugnações, as declarações de independência, as petições, os tratados e as Constituições foram todos PENED. A Constituição inglesa é uma exceção notável, não está escrita em papel.

A história está repleta de histórias de grandes ideias que nasceram no calor do momento. Os museus estão repletos de pedaços de papel estranhos nos quais rabiscos de inspiração mudaram o mundo. Os escritores são particularmente famosos pelos seus graffitti privados em guardanapos. Também eu espero ter um pedaço de papel de seda manchado com a minha caligrafia, fechado numa vitrina altamente segura de uma biblioteca ou museu obscuro. Devo admitir que, até agora, todos os meus rabiscos e pedaços de papel estranhos têm estado guardados em segurança nos

esgotos do município.
Como médico, posso dizer o seguinte: uma caneta também pode ser uma arma física letal, se for bem utilizada. Tudo o que é necessário é um conhecimento íntimo de Anatomia Humana, o que explica o facto de eu ter na minha posse um número bastante seguro de manuais escolares sobre o assunto, que leio religiosamente sempre que me sinto fisicamente ameaçado. Também explica porque é que o meu irmão mais velho tem uma forte fobia aos manuais de Anatomia Humana. Enquanto crescia, ele provocava-me e intimidava-me frequentemente (como fazem todos os irmãos mais velhos que se amam), mas um dia parei-o a meio da brincadeira e dei-lhe uma calma mas inesquecível lição sobre a anatomia do pescoço, enquanto apontava as várias partes do seu pescoço com a minha caneta de confiança. Há tantos pontos queridos no pescoço que estão apenas à espera da caneta certa nas mãos certas. As veias jugulares da traqueia, as artérias carótidas, o ápice dos pulmões e, claro, o espaço entre a quarta e a quinta costelas no peito esquerdo, mesmo junto ao mamilo, são apenas alguns dos poucos pontos de encontro convidativos para uma conclusão definitiva de qualquer argumento.
No caso de uma reunião improvável ser bem sucedida, há sempre os formulários de admissão de culpa da polícia a serem assinados. Ter uma caneta sempre à mão é uma forma segura de fazer com que as negociações com a polícia corram bem. Eles têm sempre uma linha num papel à espera da sua assinatura, mesmo que não tenha ultrapassado a linha deles (a linha ténue da lei). No meu país, ter um encontro diário com um polícia é tão inevitável como parar num semáforo vermelho. Estão por todo o lado e, curiosamente, quase nunca parecem ter uma caneta à mão para facilitar o processo purgatório de os tirar de cima de nós. O meu palpite é que se esquecem sempre, convenientemente, das canetas compradas pelo Estado nas mochilas dos filhos, juntamente com o dinheiro "caído" do bolso de algum cidadão.
E depois há os contratos. Como um típico zimbabueano, estou sempre à procura de trabalho e opto por não tentar o destino, não tendo uma caneta pronta para assinar um contrato de trabalho quando e onde quer que ele apareça. De facto, nunca assinei um contrato de qualquer tipo com uma caneta que nunca tenha sentido o calor do meu

peito (o bolso do peito é o melhor lugar para incubar a caneta). É por esta simples razão que considero que as mulheres são as melhores pessoas a quem pedir uma caneta emprestada no inverno; tem-se a vantagem adicional de evitar queimaduras de frio nos dedos através da utilização de uma caneta do mais quente dos seios.
Por último, mas não menos importante, estão as receitas de medicamentos, as notas de encaminhamento e os estranhos guiões médicos. Isto não precisa de explicação. Obviamente, esta é a principal razão pela qual ando sempre com uma caneta e se o meu ensaio deu ao leitor uma impressão contrária, então acho que fiz um bom trabalho.

O PASSAPORTE DO ZIMBABUÉ

-Contra a emigração forçada

Ser cidadão da pequena nação do Zimbabué é uma experiência infernal. O próprio país tem a aura de um campo de detenção. A liberdade é tão estranha como um marciano que fala árabe. Todo o país se transformou numa grande "reserva nativa e gueto urbano" rodesiano, mal-humorado, sujo e viscoso. Pelo menos, sob o regime racista de Ian Smith, havia VIDA. Toda a gente sabia qual era o seu lugar e tinha a opção de trabalhar arduamente para ser o melhor, mesmo na podridão a que eram obrigados. No Zimbabué não existe essa escolha. Ninguém conhece o seu lugar e, como tal, não tem por onde começar. O trabalho árduo foi transformado numa fraqueza. Quanto mais o Zimbabuense oprimido trabalha, mais sofre com isso. Trabalhar arduamente para ganhar a vida não significa agora nada. Nem sequer se pode colher o fruto do seu trabalho. Quanto mais dinheiro se ganha, mais tempo se espera para o receber.
Cada uma das elites adquiriu feudos nos quais governa, conquista e saqueia. O ministro ganha mais dinheiro a dar empregos do que a criar empregos. Os profetas fecharam as portas do próprio céu com barricadas de ouro. Os políticos doutoraram-se para poluir os nobres corredores do intelecto com o seu odor pungente de ignorância, odor que usam como perfume. A polícia organizou-se em ladrões fardados. A polícia do Estado abraçou a ilusão psicótica de ser um deus. A própria bandeira tornou-se um crime. O discurso tornou-se blasfémia. A própria democracia

tornou-se traição.

Um carimbo estrangeiro no passaporte do pobre zimbabueano tornou-se o antídoto místico para a morte. O titular de um passaporte do Zimbabué tornou-se um sonhador esquizofrénico. Sonha em partir. Não apenas para pastos mais verdes, mas para qualquer outro pasto para onde possa fugir. Para qualquer lugar que não seja o Zimbabué. É aí que está a cura. A casa está a arder e tresanda a esperança morta e carbonizada.

SOBRE A CURA PELA FÉ E A NOSSA MEDICINA

-Contra os falsos profetas-

Pode parecer que os sempre florescentes falsos profetas e curandeiros fizeram uma grande mossa nos cofres dos médicos formados através da sua promessa de curas instantâneas que, infelizmente, ocorrem com menos frequência do que afirmam. Muito pelo contrário, o efeito tem sido um enorme benefício em casos críticos que não responderam a óleos ungidos, autocolantes, pulseiras e pepinos caros, que se vêem a pagar testes, medicamentos e procedimentos dispendiosos que poderiam ter sido facilmente evitados se tivessem chegado mais cedo.

É com desespero e raiva que os médicos dos países cristãos atendem perpetuamente pacientes que desprezam o aconselhamento médico baseado em provas em detrimento de encantos e cânticos pouco fiáveis conjurados e propagados por aqueles que se dizem ser a elite de Deus. Um caso típico de uma jovem que chega com dores abdominais secundárias a uma gravidez ectópica em crescimento, que recusa a cirurgia e, em vez disso, opta por uma sessão individual de 300 dólares com o "meu papá", mas que mais tarde regressa com uma gravidez tubária que se rompeu e que requer uma transfusão de sangue de 600 dólares para salvar a vida, para além da cirurgia originalmente aconselhada, soa bem na mente da maioria dos médicos que exercem a sua profissão num hospital do Zimbabué.

A força motriz desta loucura é a crença no mito de que procurar aconselhamento profissional ou tomar medicamentos prescritos é um testemunho de falta de fé. A noção é que basta rezar e transmitir (através de objectos físicos como óleos, autocolantes e outros) para a cura completa. A simples refutação a esta afirmação draconiana é que a Bíblia não ensina isso. É com total repugnância que encontramos estes objectos "ungidos" a serem vendidos nestas igrejas. Comprar uma bênção? Comprando um milagre? Não são essas as coisas que Jesus Cristo destruiu física e violentamente no templo de Jerusalém? O que é que ele disse sobre a função das igrejas (templos)? Estes falsos profetas e o seu rebanho poderiam beneficiar da leitura de Marcos 11:15-19. Em que é que estas igrejas se baseiam realmente, senão na Bíblia Sagrada que, obviamente, não leram ou preferem distorcer ou ignorar?

Eis o meu argumento. Acredito que os médicos fazem parte dos milagres de Deus. O próprio Filho de Deus escolheu um médico (de nome Lucas) para fazer parte dos seus Doze eleitos. Obter tratamento médico profissional não é mutuamente exclusivo da fé em Deus e na Sua cura. Os médicos são simplesmente instrumentos usados no grande esquema de preservação e perpetuação da vida. Definitivamente, seria imprudente se alguém buscasse a cura pela fé sem ao menos bater à porta de um médico.

OS PERIGOS DE UM MÉDICO ESTAGIÁRIO

-Contra o preconceito

Ele não consegue escapar ao medo. O medo de cometer um erro fatal; o medo de expor a sua própria ignorância; o medo de ser pessoalmente responsabilizado pelo mais pequeno dos erros e, finalmente, o medo de se revelar um mau médico. A vida de um médico interno é um inferno na terra, com vislumbres de beleza celestial: a beleza de fazer nascer um recém-nascido em perigo, a beleza de reparar a anatomia de Deus de volta à funcionalidade e a beleza da própria vida.

Quase todas as faculdades de medicina do planeta reservam um longo período de experiência após a obtenção do diploma de medicina. O resultado final desse processo é a validação, maioritariamente por certificação, de que se está SEGURO para ser um cuidador da vida humana. Note-se que o principal requisito é a SEGURANÇA e não a COMPETÊNCIA. A competência pode ser facilmente falsificada (por exemplo, através do preenchimento de parágrafos de manuais escolares), mas a segurança é muito mais mensurável e, consequentemente, difícil de imitar. Espera-se que a segurança emane de um médico, é suposto ser um estilo de vida e não uma escolha. Desde os tempos de Hipócrates (e provavelmente antes) que a doutrina doprimum *non nocere* - antes de mais nada não fazer mal - tem sido colocada como o requisito fundamental para se ser chamado de médico.

Quando alguém termina o curso de medicina, ou é tímido ou é demasiado confiante. Aqueles que se enquadram no espetro intermédio podem, provisoriamente, ser designados por "médicos natos". Estes são os jovens médicos que parecem ter tudo sob controlo. Nada parece perturbá-los; sentem-se e agem bem equipados desde o início do internato. O sucesso académico na escola médica não é, por si só, uma garantia de entrada neste estimado grupo. As boas notas na faculdade de medicina colocam-nos em risco de cair no grupo dos demasiado confiantes, tal como as más notas colocam os outros "outliers" à margem da categoria dos "tímidos".

No entanto, há um conjunto único de internos de medicina que merece uma menção especial. Trata-se de jovens médicos demasiado confiantes, narcisistas e ignorantes, que pensam que o facto de terem frequentado a faculdade de medicina os distingue e ultrapassa os seus colegas "menos inteligentes" em todos os outros domínios (nem sequer reconhecem as proezas dos físicos, matemáticos e outros). Têm a cabeça erguida, desprezam os enfermeiros e o pessoal auxiliar dos hospitais e detestam absolutamente os conselhos e correcções dos "menos inteligentes". Mantêm teimosamente esta atitude ao longo de todo o internato e acabam por se tornar médicos de meia-tigela, mas aparentemente "seguros".

Quando o médico novato entra pela primeira vez num hospital, depois dos anos extenuantes como estudante de medicina, não pode deixar de tentar identificar-se. A pergunta que lhes vem à cabeça é "que tipo de médico vou ser?".

FORA O SENTIMENTALISMO, DENTRO O PRAGMATISMO.

-Contra a manutenção da história em cativeiro.

Este país sempre foi governado mais pelas emoções do que pelo sentido prático. As duas guerras civis (a primeira e a segunda Chimurenga) foram despoletadas pelo sensacionalismo em torno da questão da terra. A realidade é que aqueles que lutaram pela terra não sabiam como explorá-la. A dilapidação das explorações agrícolas, outrora produtivas, a que assistimos desde a invasão das terras, valida este ponto.

É lamentável que políticos gananciosos, egoístas e ambiciosos tenham repetidamente vandalizado esta vulnerabilidade emotiva. Prometem dar terras às massas, mas pilham todas as melhores terras e saqueiam-nas mesmo à frente do eleitorado. É desconcertante que os eleitores do Zimbabué continuem a ser tão crédulos, ao ponto de regredirem a crenças político-religiosas pré-coloniais de uma terra sagrada gerida pelos sábios e velhos até à sua morte. Trata-se de uma precedência perigosa.

O que os zimbabueanos parecem esquecer é que a religião sempre foi e continuará a ser a força política mais poderosa deste país. O Primeiro Chimurenga foi iniciado e liderado por médiuns espirituais. Do mesmo modo, o Segundo Chimurenga foi em grande parte impulsionado por uma crença básica num apoio sobrenatural sob a forma de Nehanda Nyakasikana, um dos médiuns espirituais que conduziu o povo Shona para sul do continente a partir do reino da Etiópia. A maioria das pessoas não tem sequer um mínimo de compreensão deste último facto.

A influência religiosa na política do Zimbabué desapareceu um pouco com a saída do primeiro Presidente do Zimbabué, o Reverendo Canaan Sodindo Banana. A partir daí, Mugabe passou a despertar as emoções das pessoas com a sua oratória sobre "certos inimigos que precisam de ser expulsos". O inimigo continuou a mudar desde a independência dos capitalistas britânicos. Primeiro foram os "dissidentes Ndebele", depois foi a Commonwealth, o Ocidente, os "traidores" do MDC e assim por diante. Mugabe e a sua cabala ZANU-PF chegaram agora a um ponto em que ficaram sem "inimigos". Tenho quase a certeza de que há por aí um adágio que diz: "Quando as hienas ficam sem carcaças para comer, matam-se umas às outras até só restar uma". A ZANU-PF não pode sobreviver sem lutar; está no seu ADN.

Uma vez que, aparentemente, já não têm presas para matar, viraram-se uns contra os outros. O caçador tornou-se a presa. Mas a caça cometeu um erro fatal: pensou que tinha destruído totalmente a política de oposição e voltou rapidamente às suas próprias disputas, sem se preocupar em verificar se o inimigo estava realmente morto e enterrado. O seu golpe foi poderoso, mas apenas mutilou a presa, não a matou. Nos últimos quatro anos, a oposição reagrupou-se silenciosamente e reestruturou-se e está agora razoavelmente preparada para uma guerra total.

Só era necessário um candidato presidencial e agora já o têm. O braço mais poderoso do eleitorado, os veteranos de guerra, viu a luz e está pronto para falar de negócios. O maior grupo do eleitorado, os jovens, está todo excitado, graças ao Pastor Evan Mawarire, que jogou ao som da falácia bem testada do sentimentalismo para efetuar mudanças políticas. Parece que quase todas as condições são agora propícias a uma verdadeira mudança democrática. Toda a confusão em torno do recenseamento eleitoral e da Comissão Eleitoral do Zimbabué (ZEC) é apenas uma questão técnica. Representa uma mudança bem-vinda na política do Zimbabué. Uma transformação em que se deixa de colocar as emoções em primeiro lugar e se passa a confiar nos bons e velhos factos como ditame da governação.

O grande número de partidos políticos da oposição que estão a convergir para colocar as questões práticas acima das questões de interesse próprio e do sensacionalismo dá crédito à preparação do Zimbabué para uma democracia autêntica. O comunismo está a desaparecer.

Capítulo 6

MÉDICOS EM GREVE

-Contra o abuso do Juramento de Hipócrates

Os médicos são uma fraternidade. Vamos concordar com isso imediatamente. O folclore comum e a imprensa popular pintaram durante muito tempo um retrato romântico do médico típico: um charlatão secreto e ávido de dinheiro, protegido pelos seus. Com toda a justiça, o Juramento de Hipócrates pesa, de facto, nesse aspeto. Este confere à arte da medicina um juramento de fraternidade ordenado pelos próprios deuses gregos. Apolo, Esculápio e Higeia estavam entre os deuses que todos os médicos juraram. Considero interessante o facto de os médicos fazerem juramentos aos deuses e não aos seus semelhantes. Na sua essência, o juramento não se destinava aos doentes, mas aos deuses, que eram considerados os protectores supremos da saúde e do bem-estar dos mortais.

Pode propor-se aqui um argumento malicioso segundo o qual, pelo facto de o Juramento de Hipócrates se basear numa mitologia grega há muito desmentida, os seus méritos são assim anulados pela força da esmagadora lealdade espiritual, nomeadamente o cristianismo, o islamismo, o judaísmo, etc., o que, por sua vez, significa que prestar juramento a estes "falsos deuses" é, em si mesmo, uma blasfémia. Como médico cristão, nunca fiz o juramento de Hipócrates. Recusei-me a jurar por deuses que não conheço. Por conseguinte, qualquer verdadeiro cristão que acredite no mesmo Deus em que eu acredito não irá invocar e atirar-me à cara o Juramento de Hipócrates quando eu retirar os meus serviços em protesto contra uma injustiça pessoal. O mesmo se aplica aos meus colegas médicos muçulmanos e judeus. A religião, por si só, anula o

O juramento de Hipócrates como uma regra rígida e rápida de como os direitos e compromissos de um médico devem ser vistos.

A segunda parte do juramento de Hipócrates sela, no fundo, o paradoxo da fraternidade. Define a profissão como uma família: - "*Terei para com o meu mestre de ciências (artes) o mesmo respeito que tenho para com os meus pais, partilharei com ele a minha vida e pagar-lhe-ei todas as minhas dívidas. Considerarei os seus filhos como meus irmãos e ensinar-lhes-ei a ciência, se eles quiserem aprendê-la, sem taxa ou contrato."* É claro que isto está muito desatualizado! Se isto não anular o Juramento de Hipócrates como uma peça de literatura desactualizada que deveria ser estudada mais por licenciados em História Grega do que por estudantes de medicina, então sinceramente não sei o que o fará.

Os parágrafos seguintes moderam o tom pelo seu som pragmático; *primum non nocere.* Tradução simples: antes de mais, não fazer mal... mesmo a um feto por nascer. Ah, sim, é verdade. O Juramento de Hipócrates proibia EXPLICITAMENTE os médicos de efectuarem abortos. Se acredita no direito à escolha e é a favor do aborto, então não tem o direito de atirar o Juramento de Hipócrates à cara de um médico. A lógica simples é: ou se cumpre tudo ou não se cumpre nada. O resto do Juramento de Hipócrates delineia a ética fundamental da profissão: "conhece o teu limite", "sabe quando referir", confidencialidade e integridade. É lamentável que todos os críticos da profissão optem por restringir os seus argumentos a estas últimas passagens, sem tomar o documento na sua totalidade.

Este juramento tornou-se um fardo pesado para o médico moderno. As suas acções são julgadas de acordo com a interpretação de uma oratória mítica do código de ética que deve reger a forma como os "médicos" fazem buracos nos crânios dos doentes "histéricos" para libertar os maus espíritos das suas mentes. O documento é tão antigo como a "medicina" a que presta reverência. Simplesmente não tem lugar na sociedade moderna. O seu significado é tão sagrado como a Magna Carter, mas isso não significa que a Rainha de Inglaterra se interponha entre o Bispo e o próprio Deus.

MUGABE VAI GANHAR EM2018

-Uma Profecia da História-

Na base do continente africano existe um pequeno país em forma de bule de chá que dá pelo nome de Zimbabué. Nasceu numa sexta-feira, sendo a data exacta o 18º dia do mês de abril, há cerca de três décadas, no ano de 1980. A mesma área geográfica era anteriormente conhecida como Rodésia, um país dirigido por caucasianos imperialistas e racistas que se separou da Grã-Bretanha em 1965, depois de ter

declarado unilateralmente a independência das garras da Rainha da Inglaterra.
A independência do Zimbabué (a segunda independência de 1980) pôs termo a uma guerra prolongada entre os Rodesianos brancos e as guerrilhas negras. Ambas as partes acordaram num cessar-fogo e foram convocadas e realizadas eleições, tendo Robert Gabriel Mugabe sido o vencedor absoluto e assumido o cargo de Primeiro-Ministro.
O que passa despercebido a muitos é que Mugabe não foi o primeiro presidente do Zimbabué. Foi um clérigo homossexual chamado Reverendo Canaan Sodindo Banana, cujo único ato memorável foi o de introduzir os zimbabueanos no mundo do estilo de vida alternativo. Naturalmente, foi essa a sua ruína. O primeiro-ministro Mugabe, que era na realidade o verdadeiro governante, expôs os desvios sexuais de Banana até este último ser oficialmente expulso pela janela da Casa do Estado, a 31 de dezembro de 1987. Enquanto Mugabe estava ocupado a abater o Presidente, uma guerra civil grassava nas províncias do sudoeste da jovem nação. Esta dicotomia de ataques revelou a verdadeira natureza de Mugabe: a de um homem empenhado em assumir o poder a todo o custo. O mundo ignorou largamente estes primeiros actos de evasão, uma vez que ainda estava hipnotizado pela erudição do relativamente jovem demagogo. A rainha da Inglaterra chegou mesmo a chamar-lhe um belo cavalheiro africano! Talvez ela tivesse razão. Um cavalheiro pode continuar a ser um déspota, tal como um lobo pode ser considerado um tipo de cão.
O final de 1987 inaugurou a versão negra do monstro do Dr. Frankenstein. Ao contrário do monstro literário que não tinha nome, este monstro negro tinha um nome: ZANU-PF, sendo Mugabe o Dr. Frankenstein, claro. 1987 foi o ano em que Mugabe conseguiu finalmente aquilo por que tinha lutado desde os anos 60 - o poder absoluto. O Presidente cerimonial foi deposto com a ajuda da Organização dos Serviços Secretos, o único concorrente sério ao trono - o Dr. Joshua Nkomo (líder do igualmente poderoso ZAPU) - foi assimilado à força pela matriz comunista com a ajuda da Quinta Brigada e, em 22 de dezembro de 1987, foi instaurado um Estado de partido único. A regra de ouro da política do Zimbabué foi escrita em pedra nesse dia: quem se atrever a tocar no punho de ferro de Mugabe será esmagado até à morte.

Nas páginas da história podemos encontrar uma longa lista de nomes de pessoas que perderam a vida por terem quebrado esta regra de ouro.
Uma breve análise do decurso das eleições realizadas neste pequeno país desde o seu início até à data revela um padrão muito consistente que todos conseguem ver mas que ninguém consegue corrigir - o rasto da violência. O próprio homem confirmou-o na viragem do milénio, quando se gabou de ter um doutoramento em Violência. Todas as eleições, desde 1980 até 2013, têm sido uma farsa. O povo do Zimbabué nunca teve uma eleição "livre e justa", que é exatamente como Mugabe quer. Sempre se alimentou do medo e da adoração, como um deus grego mítico. Foi assim que chegou onde está e é também por essa razão que nunca poderá ser destronado por nada menos do que uma revolução. De facto, há muitas pessoas que o amam e veneram tanto como há pessoas que o odeiam e temem. Todas estas pessoas votam nele, apesar de as razões serem díspares; seja por medo ou por amor e tudo o que está no meio, ele ganhará sempre qualquer eleição.
Poderá então ser afastado? Com certeza!!! A resposta é muito clara e até ele já nos deu a resposta vezes sem conta. Só o povo o pode destituir. É aqui que reside o problema. Quem são exatamente essas "pessoas"? Não são os eleitores, claro, porque os seus votos nunca deram em nada. O "povo" são aqueles que estão prontos a morrer por uma causa. Essas são as únicas "pessoas" que Mugabe respeita e teme - os guerreiros. Isto explica porque é que todas as vozes discordantes são esmagadas mesmo antes de dizerem o que estão a pensar. Ele sabe o que é preciso para unir um povo por uma causa comum. Afinal de contas, foi assim que chegou ao poder. Até que estes guerreiros se organizem num "povo
Mugabe será sempre Mugabe. As eleições de 2018 não são diferentes; não há "pessoas" que façam barulho suficiente para que os seus ouvidos senis as ouçam e, pelo que parece, não haverá mais ninguém.

OS JOVENS DA RODÉSIA TRAEM OS JOVENS DO ZIMBABUÉ

-Contra a traição familiar.

Se partirmos do pressuposto de que a situação atual no Zimbabué é tão terrível como o ambiente na Rodésia do Segundo Chimurenga, torna-se mais fácil comparar e compreender as virtudes e os pontos fortes dos Rodesianos negros, extremamente desfavorecidos, nos anos 70, em comparação com os jovens igualmente desfavorecidos que vivem no Zimbabué moderno. Os jovens dos primeiros tornaram-se os pais e as mães dos jovens dos segundos. É natural que os pais comparem a sua própria juventude com a dos seus filhos e, a dada altura, os filhos também compararão a sua juventude com a juventude dos seus pais.

É possível argumentar de forma convincente que as probabilidades contra as quais os pais actuais tiveram de lutar quando eram mais jovens (adolescentes e jovens adultos dos anos 70) são muito menores do que os obstáculos dos adolescentes e jovens adultos actuais. Nos anos 70, havia um objetivo político mais claro: derrotar os brancos. Nos anos 2010, os objectivos políticos são mais confusos e completamente psicóticos; o inimigo não tem direção. A economia anterior à independência era muito mais estável e confortável do que a economia do Zimbabué do século XXI. Havia ainda mais empregos per capita na Rodésia do que no Zimbabué negro. Em retrospetiva, considerando tudo o que precede, parece que os jovens dos anos 70 (que são agora os pais dos millennials) foram mimados em comparação com os seus filhos. Tinham a possibilidade de ser bem sucedidos se se esforçassem o suficiente. Os jovens de hoje não têm esse prazer. Mesmo que trabalhem arduamente, não serão bem sucedidos. Não há esperança para o seu futuro porque as gerações mais velhas roubaram-lhes o passado.

Pode ser apresentado um argumento dos jovens dos anos 70, segundo o qual eles tiveram de lutar muito para conquistar a sua independência e os jovens de hoje devem fazer o mesmo se quiserem também alcançar a sua própria independência. É claro que se trata de um argumento credível, mas não é suficiente oferecer uma solução para um problema sem se ter elaborado a fórmula. De facto, a fórmula a utilizar para resolver a miríade de perigos que atormentam a juventude contemporânea nunca poderá ser a mesma que a invocada sob a forma de uma guerra civil. Uma guerra civil no Zimbabué moderno não é uma opção. Nem de perto.

Os jovens zimbabueanos que se arrastam nas ruas poeirentas dos guetos não têm outra alternativa senão fugir à luta. A sua única fonte de consolo são os braços de ajudantes estrangeiros, uma vez que os seus próprios parentes pegaram em armas e torturaram a democracia até à submissão. Foram silenciados mesmo antes de falarem. Foram transformados em inimigos pelos seus próprios pais. Não lhes foi reservado qualquer património. Tudo foi saqueado por aqueles que assumiram unilateralmente o trono de "guardiães do Zimbabué" e protectores da terra. De onde virão então o seu impulso e a sua esperança? Nasceram sem nada e nem sequer sabem o que não têm. Não há esperança para eles porque foram e continuarão a ser traídos por aqueles que pegaram em armas e nunca mais as largaram.

PORQUE É QUE TSVANGIRAI DEVE LIDERAR A COLIGAÇÃO

-Contra os oportunistas

Uma coligação de todos os partidos da oposição no Zimbabué é tão utópica como um nonagenário ganhar uma eleição para governar um país que ele próprio destruiu. Ao longo dos anos, o Zimbabué transformou-se numa nação de "choques". Uma nação que está sempre a escrever nas páginas da história mundial. Mugabe e a ZANU-PF têm-se assemelhado constantemente a Hitler e ao Partido Nazi. Uma comparação pormenorizada dos dois regimes é tão elaborada que pode servir de tese para um manual sobre como NÃO governar um país.

Mugabe tem sido, desde o início, agressivo na sua retórica e na sua determinação. Ele arou até chegar ao poder, ao mesmo tempo que cavava mais fundo para cimentar as suas raízes. A ZANU-PF transformou-se numa enorme árvore baobá cujas raízes e tronco vão precisar de uma longa e dura luta para serem destruídos. É aqui que Tsvangirai entra em ação.

O homem é um ícone que tem estado a cortar a árvore gigante muito antes de as pessoas se aperceberem que a árvore tinha de ser cortada. Começou a sua viagem no final dos anos 80 e nunca mais olhou para trás. Nenhum dos líderes dos partidos da oposição se aproxima sequer em termos de resistência e tenacidade política. Ele foi experimentado e testado. Tem sido consistente e resoluto. A sua integridade moral amadureceu à medida que a podridão da nação também amadureceu. *Chematama* transformou-se em *Save*. O homem que era cheio de energia tornou-se o sábio político que transborda sabedoria.

Joice Mujuru, a outra provável líder da coligação, nem sequer se aproxima do currículo da sua aliada. Não tem os mesmos critérios que um líder democrático, pelo que não é de confiança. Todos os cidadãos do Zimbabué travaram uma luta corajosa mas silenciosa ao longo de anos difíceis e é natural que a transição iminente seja conduzida por um líder em quem confiamos e que respeitamos.

As eleições de 2018 são tão cruciais como as de 2008. A atmosfera é a mesma, a abundância de esperança é semelhante e até a confusão pode ser comparada. As eleições harmonizadas do próximo ano são uma oportunidade tão única para uma revolução como as que ganhámos, com precisão de data, há uma década. Será necessário um líder de exceção para liderar esta tarefa monumental e o currículo de Tsvangirai é o único que faz com que valha a pena contratá-lo.

MUGABE É O IRMÃO MAIS VELHO DE GEORGE ORWELL

-Contra o autoritarismo

Muito antes de o Big Brother Reino Unido, o Big Brother África, o Big Brother aqui e o Big Bother ali terem agraciado (ou desgraçado... qualquer um dos dois se aplica) os nossos ecrãs de televisão com um conceito revolucionário de reality TV, o Big Brother foi, na verdade, criado em 1949. Ele (o Big Brother, claro) foi concebido quando Eric Arthur Blair (GEORGE ORWELL) teve um caso com a sua máquina de escrever e deu à luz uma bela peça de literatura baptizada de "Mil Novecentos e Oitenta e Quatro".

O Grande Irmão retratado no romance tem caraterísticas muito semelhantes às de um ditador dos tempos modernos. O Grande Irmão de Orwell controlava todos os aspectos da vida de cada um, especialmente dos membros do "Partido". Chegou ao poder através de um golpe de Estado (chamado "A Revolução") e assassinou todos os seus camaradas que também tinham direito ao trono. Ignorou praticamente todos os que não pertenciam ao partido ("os proletários"), que constituíam a maior parte da população do seu país. O Grande Irmão via tudo, ouvia tudo e controlava todos os aspectos da vida dos seus membros. Todos os crimes eram punidos com a morte e até a palavra "crime" era controlada. O amor, a liberdade de expressão, a roupa que não fosse um fato-macaco azul e até os orgasmos eram punidos com enforcamento em

praça pública, como entretenimento para as crianças.
Há muito que se especula que o retrato que Orwell fez do seu Grande Irmão foi fortemente inspirado na personalidade de Adolf Hitler. Mugabe assemelha-se obviamente ao Grande Irmão do romance de George Orwell, tanto quanto se compara ao Grande Irmão dos tempos modernos e ao autor de Mein Kempf.

UM NATAL ZIMBABWEANO

-Contra a ignorância-

Muitos dos meus leitores nem sequer sabem o que é um "zimbabweano", quanto mais saber QUEM é um "zimbabweano". O nome denota uma nacionalidade ou cidadania de um pequeno país em forma de bule situado na parte inferior do continente com o maldito nome de "África". Num passado recente, engoli a amarga verdade de que a investigação mostrava consistentemente que mais de 30% dos alunos americanos não sabiam que África não era um país, mas um continente. Para os poucos eruditos deste vasto grupo que habitam os santuários dos eruditos (o mundo dos livros), o país do Zimbabué pode pelo menos ser recordado como o último país na ordem alfabética de todos os grupos demográficos do mundo inteiro que têm a coragem de se chamar "nações".
Todos os relatos e análises apontam para o retrato de um país com um líder ditatorial que mijou sobre toda a nação, tal como os reis déspotas de antigamente massacravam os camponeses na idade das trevas. Sem entrar em questões económicas, uma auditoria transparente do estado deplorável da economia permite concluir que o país é um Estado falhado, gerido por imbecis e belicistas que têm uma ignorância total e demoníaca sobre a forma como uma nação deve ser gerida. As pessoas que ocupam os altos cargos aparecem sempre no trabalho maravilhadas com a "SORTE" de terem sido nomeadas pelo próprio grande líder para um cargo de couro no gabinete nominal. Resumindo e concluindo, o Zimbabué é um país do continente africano, no hemisfério sul do planeta Terra. Este país em particular é liderado por um rei imperial chamado Mugabe, tal como a Coreia do Norte tem o seu rei "auto-omnipresente" chamado Kim. Mugabe transformou a nação numa fossa e o país continua a definhar no clima rigoroso da política fria da Antárctida, que desafia até o solstício de verão

da pequena nação subsariana.

Os zimbabuanos são um grupo pacífico (na pior das hipóteses, cobarde) de indivíduos de cor escura que sabem de onde vieram mas não querem saber para onde vão. A própria história traiu-os, levando-os a pensar que a guerra será sempre a recordação mais fiel da sua existência. Muitos morreram a lutar por um Comandante-em-Chefe negro, mas um número igual, se não superior, de sobreviventes viveu para fazer a pergunta infinita do PORQUÊ, que tem sido continuamente banida de todas as actividades da mente de um indivíduo, para dizer o óbvio: o Zimbabué não tem um Presidente, tem um monarca absoluto chamado OS Mugabes. Todos os intelectuais que valem a pena testemunharão o facto de que, no meio de todo o caos no país, o nome Mugabe prevalecerá para sempre, como um padrão consistente de atribuição de poder do rei à rainha, independentemente da herança dos subordinados (Mnangagwa não tem laços de sangue com a dinastia Mugabe, o que faz dele um estranho). A "rainha" disse-o ela própria no santuário nacional para os heróis falecidos, convenientemente chamado National Heroes Acre. Ela disse: "Mugabe continuará a governar mesmo a partir do seu túmulo". À primeira vista, isto pode significar que Grace é uma prostituta esquizofrénica delirante que quer ganhar capital pessoal sobre o próprio rei - tal como a prostituta bíblica Jezebel.

É absolutamente impossível exprimir uma visão inocente de uma típica festa de Natal em família sem primeiro descarregar a sua raiva sobre a razão pela qual se meteram neste buraco do inferno. O Presidente está sempre a dormir profundamente em todo o lado onde vai, os seus lacaios atacam-se uns aos outros como selvagens, mesmo na sua presença, a sua mulher analfabeta continua a fazer birra com a atitude de uma diva de Hollywood, todos os seus novos amigos no seu próprio país são os seus netos e ainda assim milhões de pessoas se perguntam porque é que o seu Natal parece ser mais um fardo do que uma celebração, em comparação com as histórias que lhes são contadas sobre a vida do outro lado pelos seus parentes afortunados que "conseguiram sair". A vida do outro lado é, em grande parte, desprovida de incómodos banais, como cortes de energia, cortes de água, inacessibilidade ao próprio dinheiro, medo de ver um colete refletor de qualquer tipo e outras nuances que praticamente toda a gente tem como garantidas - daí serem chamadas de "direitos humanos".

Na verdade, o Natal para um zimbabuano depende do local onde o passa. Para os zimbabuanos no estrangeiro, o Natal é sem dúvida um FELIZ NATAL, mas o Natal no Zimbabué é apenas mais um Natal cuja data marcada no calendário romano coincide com o dia 25 de dezembro.

OS ANIMAIS SELVAGENS NÃO PERTENCEM A UMA ARCA

-Contra o abuso dos recursos naturais

Foi com absoluto choque e desdém que tomei conhecimento de que estão a ser exportados animais selvagens do Parque Nacional de Hwange, no Zimbabué, para a China, a acreditar na notícia publicada no The Times. A combinação da fiabilidade do estimado jornal com a plausibilidade do retrato da elite governante do Zimbabué como uma cabala de indivíduos egoístas e míopes persuadiu-me a acreditar sem reservas na maior parte da história. Segundo a notícia, 35 crias de elefante, 8 leões, 12 hienas e 1 girafa foram transportados da reserva de caça do Zimbabué para o Chimelong Safari Park, na província chinesa de Guangzhou. O autor do artigo inferiu corretamente que este êxodo monumental foi inspirado pela lógica obscura do envolvimento da primeira família no cultivo de marfim para pagar os uniformes militares na República Democrática do Congo.

O nome de Grace Mugabe foi especificamente identificado como o principal arquiteto deste acordo. Este facto, por si só, suscita muitas questões, mas não me vou dar ao trabalho de aprofundar os meandros dos deméritos do negócio. É do conhecimento geral que Grace Mugabe é corrupta e completamente burra. Pagar uma dívida à RDC através da venda do património de uma nação para engrandecimento pessoal é a marca da grandiosidade e da miopia da primeira família. Que dívida é que estão a pagar? Porque não vender o seu próprio gado e laranjas para pagar a sua dívida obviamente pessoal?

O facto de a vida selvagem de uma nação pertencer ao povo e não ao Estado é inexistente na sua consciência. Se estes animais pertencem à China, então porque é que o país não tem os seus próprios elefantes, leões, hienas e girafas. Tanto Darwin como Deus concordam que os animais estão onde estão porque é aí que é suposto estarem. Quem é então Grace Mugabe para alterar estas leis fundamentais da natureza?

O argumento de deixar a natureza em paz substitui qualquer justificação para o transporte de animais selvagens de qualquer parte da vida selvagem ideal que resta no mundo para um conclave feito pelo homem. A única vez que tal foi sancionado foi há milénios, quando Noé ofereceu refúgio a todos os animais da terra na sua arca. Desde então, a natureza não sancionou uma medida tão radical. Por que razão, então, as pessoas estão a desafiar as leis da natureza? Estes animais selvagens pertencem ao Zimbabué selvagem. Quem tem autoridade para atuar contra estas leis biológicas básicas? Só os egoístas e os estúpidos. Basta dizer que a escrita está na parede.

UM APELO À JUVENTUDE

-Contra a complacência-

Enquanto limpava as minhas estantes, deparei-me com um pequeno livro antigo com o título aborrecido "primavera de Praga: A report on Czechoslovakia 1968", escrito por um historiador obscuro chamado Dr. Zbynek Anthony Bohuslav Zeman. Fiquei verdadeiramente surpreendido com os paralelos entre a revolta na Checoslováquia e a nossa situação no Zimbabué. Inspiraram-me a tenacidade dos intelectuais desse país comunista na luta contra o seu regime opressivo e redundante. Escritores, estudantes universitários, advogados, médicos e professores de todas as áreas imagináveis foram mais astutos do que o regime de Novotny até ao regime do General Svoboda, até que prevaleceram sobre a maior parte das injustiças que lhes foram impostas.

Naturalmente, comecei a perguntar-me por que razão os intelectuais do Zimbabué não fizeram e não fazem o mesmo. É claro que o MDC concebeu a luta em 1999 (lembremo-nos de que o MDC era uma coligação de intelectuais, sobretudo advogados), mas desde então essa luta dissipou-se numa tentativa descoordenada de pôr de lado um regime colossal profundamente entrincheirado em todas as esferas do poder. Creio que ainda há espaço para uma "primavera do Zimbabué" liderada pelos intelectuais na nossa nação de meia-idade. Felizmente para nós, a grande maioria dos cidadãos das periferias dos centros de poder (Harare, Bulawayo, Gweru, Mutare,

Masvingo) são intelectuais de pleno direito, pelo facto de serem licenciados universitários desempregados. Tudo o que precisamos é de uma forma de unificar e aproveitar esse feroz poder de fogo intelectual. Onde há vontade, há um caminho.

ESPREITANDO PELA JANELA DO PARLAMENTO

-Contra os maus debates-

As coisas não estão a correr muito bem no campo da ZANU-PF. O seu líder continua a ser subjugado pelo fardo do juiz dourado chamado TEMPO, como o demonstram as suas sestas prolongadas e os seus discursos cada vez mais curtos. Como zimbabuanos, estávamos habituados à agitação que acompanhava o discurso do demagogo sobre o estado da nação. Costumava ser aquele dia arrepiante em que todas as estações de rádio e a ZBCtv ressoavam com a voz do orador, um homem cuja sintaxe e articulação hipnotizavam tanto os amigos como os inimigos. Éramos brindados com um mínimo de duas horas de espetáculo de Mugabe. Aparentemente, esses dias já lá vão; este ano, fomos brindados com uvas azedas; um discurso de 23 minutos que não teve a inspiração e a inteligência do outrora grande homem. Está a tornar-se rapidamente um segredo público que o nosso Presidente é um homem cansado. Sempre disse que tenho pena dele. Ele precisa mesmo de descansar.

Como se isso não bastasse, um ministro careca (não ousado, como se quer chamar a si próprio) que não faz a mínima ideia de como fazer o seu trabalho, dá-nos um discurso cuja qualidade estava no regime das divagações do bêbado da taberna local. Chinamasa precisa de largar a garrafa. A ZANU-PF está em sérios apuros. As suas fraquezas (que costumavam disfarçar muito bem) estão a ser expostas como um fluxo de dominós perfeitamente sincronizado. O Parlamento está a cheirar muito mal; há demasiados velhos a dormir e a peidar-se

MUGABE, O JOVEM E O VELHO

-Contra o facto de se ignorar a história

Bom, em 21 de fevereiro de 1924, a vida de Robert Gabriel Mugabe antes do seu regresso do Gana, em maio de 1960, com 36 anos, permanece em grande parte desconhecida. O que se sabe sobre estes primeiros 36 anos da sua vida provém em grande parte de entrevistas com as poucas pessoas que o conheceram antes de se tornar uma figura pública. Também me parece estranho que as pessoas que o conheceram nesses primeiros anos apenas contem os seus percursos escolares e a sua erudição. Muito poucos dão a conhecer o seu temperamento, os seus passatempos, a sua vida amorosa e outros pormenores pessoais. Seria de esperar uma investigação tão aprofundada para compreender como é que ele se tornou o homem que é. Era um rufia na escola primária? Que tipo de livros lia na biblioteca do liceu? Porque é que não tinha amigos? Os pormenores sobre os anos de formação de Mugabe são ainda escassos, se não mesmo confidenciais.

Se estudarmos a ascensão de Mugabe ao poder desde que pisou o solo da Rodésia, em maio de 1960, até ao nascimento do Zimbabwe, em abril de 1980 (exatamente 20 anos), podemos observar um paralelo interessante com a sua manutenção no poder desde a independência até hoje (36 anos). Uma coisa que considero interessante é o facto de Mugab ter entrado na vida política com a tenra idade de 36 anos, o que pode explicar a razão pela qual inesperadamente mostrou admiração e respeito por Nelson Chamisa durante a era do GNU. Terá sido porque viu uma parte de si próprio no jovem Chamisa, que por acaso também tinha trinta e poucos anos quando entrou na ribalta política?

Um olhar mais atento sobre o percurso do jovem Mugabe até à Casa do Estado revelará uma tendência consistente. A sua ascensão ao poder não se deveu à sua popularidade (ninguém o conhecia), mas sim à sua marca: o demagogo bem-educado. É importante recordar que o ZANU, tal como o MDC, foi formado por um grupo de intelectuais com uma visão algo elitista. As salas de reuniões da direção só tinham lugar para a elite instruída e este padrão continua a prevalecer na atual ZANU-PF, como o demonstra o nível de instrução dos membros do Politburo. Os poucos tecnocratas que convidaram Mugabe a entrar na política ativa impuseram-no, de facto, aos membros de base do partido. Ficaram hipnotizados com as suas capacidades oratórias e sentiram que ele era o mais qualificado para falar em seu nome, colocando-o como Secretário de Publicidade. O que esta cabala instruída não fez foi olhar para as suas qualidades de liderança e competência em vez de olhar apenas para a necessidade imediata que tinham dele. Ele foi sempre colocado em posições de liderança que implicavam falar e convencer as massas a juntarem-se à luta armada. Era essa a função que lhe queriam atribuir e nada mais, mas Mugabe tinha outras ideias. Ele queria ser o Comandante-em-Chefe das forças do ZANLA porque sabia que isso lhe garantiria um lugar na Casa do Estado.

Ganhou o poder calmamente através da coerção e do clientelismo até selar o acordo com actos bárbaros de violência. Esta tem sido sempre a estratégia de Mugabe e sempre, e quero dizer SEMPRE, funcionou. Nos últimos 36 anos, Mugabe manteve o poder, primeiro encantando toda a gente, depois insultando-os e, por fim, espancando-os ou matando-os. Chamo-lhes os "3 passos de Mugabe para o poder" - encantar, insultar e bater. É essencial que Mugabe nunca tenha mudado, nunca! O jovem Mugabe que regressou ao Zimbabué há 56 anos é o mesmo Mugabe que temos agora.

NÃO SE PODE CONFIAR EM TSVANGIRAI

-Contra a adoração do herói

Tenho acompanhado de perto as conversações sobre a coligação entre os partidos da oposição no Zimbabué e devo dizer que estou profundamente desiludido. Parece que a política da oposição neste país está tão fragmentada (se não pior) como estava durante o 2º Chimurenga, quando o ZAPU de Joshua Nkomo, que operava a partir da Zâmbia, estava em conflito com o ZANU de Mugabe, que operava a partir de Moçambique.

É compreensível que se estabeleçam paralelos entre estes blocos de tempo, se se subscrever a noção verificada de que "o passado é um indicador válido do presente e do futuro". Permitam-me que vá direto ao assunto; Tsvangirai é comparável a Mugabe neste aspeto. Na altura, Mugabe comandava um exército de cerca de 8 000 homens, enquanto Nkomo comandava um exército de 2 000 homens. Apesar deste facto indiscutível, Nkomo era o mais popular dos dois, sendo por isso carinhosamente conhecido como "o Pai do Zimbabué". Nkomo era tão popular entre os rodesianos negros que, se a campanha eleitoral de 1979-1980 tivesse decorrido segundo princípios democráticos rigorosos, ele teria esmagado Mugabe nas eleições ou, pelo menos, teria travado uma luta renhida. O que escapa à memória dos zimbabuanos é o facto de a ZANU ter ganho essas eleições através da violência e do terror, o que era coerente com a sua abordagem da guerra de libertação. São muitas as histórias de como os soldados da ZANU raptaram alunos do ensino secundário das escolas St Augustine's Mission, Old Mutare Mission e Mutambara Mission, para citar apenas alguns dos internatos geridos por missionários ao longo da fronteira oriental da então Rodésia. Por outro lado, a proscrição na ZAPU era, na maior parte dos casos, voluntária. A ZANU nunca foi gerida de forma contrária a estes princípios e Mugabe nunca conheceu outra forma de alcançar e manter o poder.

Ninguém pode contestar o facto de Tsvangirai ser o líder mais popular da política da oposição na sua forma atual. Mais uma vez, os zimbabuanos ficaram cegos pela popularidade de um indivíduo, sem ponderar os factos relativos à competência desse indivíduo.

Tsvangirai pode ser o político da oposição mais popular, mas os factos ditam que o homem é incompetente e vacilante nas suas políticas. A sua posição em relação às actuais negociações da coligação é reveladora deste facto. Parece estar a olhar para os outros políticos da oposição através da miopia da popularidade, sem ter em devida conta a competência e outros factores pragmáticos essenciais para a reanimação de um Estado falhado. Existem atualmente 53 partidos registados no Zimbabué e penso que a competência (e não a popularidade) de um líder deve ser pelo menos considerada antes de se apoiar qualquer líder de coligação. É lamentável que Tsvangirai tenha escolhido a estrada mais alta e se tenha esquecido de que as garras da democracia vão muito mais longe do que a popularidade. A batalha entre Trump e Clinton é um excelente exemplo.

SOBRE A ARROGÂNCIA

-Contra os ditadores-

O caminho mais curto para o fundo do poço é o corredor da arrogância, uma espiral descendente precipitada e aparentemente emocionante, de roer as unhas. Ela forma apenas uma das tríades do evangelho do reino das trevas: a soberba da vida (arrogância), a concupiscência dos olhos e a concupiscência da carne.

A arrogância instala-se quando a humildade dá lugar aos caprichos cegos do poder, cuja verdadeira fonte o observador escolhe abandonar. Todo o poder tem uma fonte eterna, o Criador da Vida. Quando alguém começa a atribuir o seu próprio poder a si próprio e não à verdadeira fonte, o que se segue é uma rápida descida ao abismo onde não há luz. Vemos isso muitas vezes em homens de Deus que acabam por negar que o seu poder lhes tenha sido impingido por Deus, mas em vez disso começam a pregar que "ganharam" o seu poder. Este engano também se aplica à política.

A Bíblia Sagrada está repleta de histórias de grandes governantes ou reis que se afastaram da graça de Deus, mas mesmo assim decidiram governar. O rei Saul é um bom exemplo. Deus afastou-se de Saul e, em vez disso, ungiu outro rei em seu lugar, mesmo quando o titular ainda estava vivo e no trono. Por arrogância, Saul decidiu continuar a governar mesmo sem o poder de Deus por detrás dele. Seguiu-se uma queda espetacular que foi, como sempre acontece quando isto acontece, extremamente humilhante.

O que escapa ao raciocínio dos políticos, sobretudo dos déspotas, é que, quando Deus lhe vira as costas, o poder desliga-se automaticamente e o que resta são apenas os restos do seu antigo eu. O poder não é assinar papéis e dar ordens. O poder não pode ser quantificado pelo número de anos que se tem ou pelo número de adversários que se eliminou. Não é certamente quantificado pelo número de pessoas que nos elogiam. Gostaria de salientar que o ato de elogiar alguém é equivalente a adorá-lo. Assistimos de perto a este espetáculo no Zimbabué, onde vimos os quadros da ZANU-PF a tropeçarem em si próprios para adorarem (através da blasfémia) o seu rei Nabucodonosor.

Como podemos então saber onde está o verdadeiro poder na nossa sociedade? A resposta é muito simples e é preciso humildade para a aceitar. Tudo o que temos de fazer é identificar aqueles que, na nossa sociedade, ouvem diretamente Deus (os profetas da terra) e perguntar-lhes o que Deus está a dizer sobre a terra. Vimos isso acontecer repetidamente na Bíblia e recentemente também vimos isso ressurgir nos EUA, onde o presidente Trump voltou aos princípios dos Pais Fundadores americanos, que sempre tiveram conselhos espirituais próximos a eles. É extremamente lamentável que o nosso rei, o Presidente Mugabe, tenha decidido evitar esta via nobre. Se ele consultasse os seus conselheiros espirituais ou os verdadeiros profetas das terras, ser-lhe-ia certamente dito que existe uma razão real para não haver contestação ao trono. Não é por causa do povo, porque não foi o povo que o colocou onde ele está. É porque Deus tem permitido que ele fique onde está. Essa é a pergunta que ele deveria estar a fazer a Deus e não às pessoas.

SOBRE A LIBERDADE DE EXPRESSÃO

-Contra a censura-

A liberdade de expressão é uma das pedras angulares de qualquer sistema democrático. Com toda a honestidade, a liberdade de reunião é um pouco inferior a este direito humano fundamental. Como sempre, o Governo do Zimbabué decidiu abandonar a Constituição e nós ficamos a pensar porque é que a Constituição foi escrita. De que serve ter uma Constituição se o próprio Estado não a obedece ou, pelo menos, não a reconhece? Porque é que o Governo desperdiçou o dinheiro dos contribuintes quando embarcou na dispendiosa redação e votação da Constituição? Qual era o objetivo?

As secções 61 e 62 da Constituição da República do Zimbabué, emenda (n.º 20) de 2013, estipulam claramente os parâmetros entre os quais o direito à liberdade de expressão deve ser usufruído. Escusado será dizer que a proposta de lei relativa à criminalidade informática e ao cibercrime é contrária às disposições da Constituição. Em termos de jurisprudência, esta situação é designada por lei inconstitucional. O momento em que é apresentada mostra também até que ponto o Governo abomina os cidadãos que supostamente deveria servir e proteger. A imposição ao público de uma lei restritiva pouco antes da realização de eleições, supostamente para eleger de novo para o poder um regime falhado e grosseiramente incompetente, revela um total desrespeito pelos direitos e preocupações dos cidadãos. Mostra claramente que o O Governo não quer saber o que os cidadãos pensam ou têm a dizer sobre os assuntos do Estado. Mostra também claramente que o Governo tem um medo absoluto dos seus cidadãos. Tentar encerrar a Internet é tão fútil como tentar encerrar o fácil fluxo de informação no mundo moderno. Como é que o Governo pensa que pode controlar a utilização da Internet? E isso não está em contradição com as acções do Presidente?

O Presidente anda ocupado a percorrer todas as províncias do país a abrir cibercafés, mas agora quer restringir o acesso às mesmas instalações. Este homem não faz a mínima ideia do que está a fazer, ou sequer do que é suposto fazer. É um dirigente incompetente que pensa que o facto de ter adquirido diplomas (provavelmente através de notas escritas pela sua mulher Sally) lhe dá qualquer tipo de credibilidade. Tem uma licenciatura e um mestrado em Direito e, no entanto, mostrou-nos que não tem qualquer noção de como funciona o Direito. Tem uma licenciatura em Administração, mas mostrou-nos o pouco que sabe sobre governação. Tem uma licenciatura e um mestrado em Economia, mas não sabe absolutamente nada sobre a forma como uma economia deve ser gerida. Tem uma licenciatura em Educação, mas permitiu que um ministro incompetente destruísse o ensino primário e secundário do nosso país, para não falar do vagabundo político que colocou à frente do Ministério do Ensino Superior.

O apetite insaciável do Presidente por viajar é inigualável. O que nos deixa perplexos é o facto de ele parecer nunca regressar com nada de significativo ou benéfico para os seus cidadãos. A lógica infere que o objetivo de viajar é ver o mundo, inspirar-se e aprender como se fazem as coisas noutras partes do mundo. Parece que o Presidente não trouxe nada para este país das suas inúmeras viagens ao estrangeiro, exceto ideias perigosas e retrógradas. O projeto de lei sobre a criminalidade informática e o cibercrime é uma dessas ideias emprestadas e letais. A mesma abordagem é utilizada na China, na Coreia do Norte e noutros países opressores. A África tem seguido o exemplo, fechando a Internet, especialmente durante o período eleitoral. O Quénia tentou utilizar o mesmo instrumento, mas todos vimos como isso falhou. O Uganda também falhou nesta matéria. Para além de inflamar a ira dos seus cidadãos actualizados, estes países também custaram, involuntariamente, muito caro às suas economias. Não é preciso ser um génio para perceber que as nossas economias modernas estão fortemente dependentes da Internet e do acesso a ela por parte da sua clientela.

É uma pena que a tomada de decisões neste país continue a ser alimentada pela ignorância e pela crueldade. Se, de facto, a Internet, incluindo as redes sociais, é a culpada pelos males do país, por que razão não criaram também os seus próprios canais, na mesma plataforma, para combater as supostas falsidades que procuram suprimir? Porquê tomar a medida drástica de mandar pessoas para a prisão? Penso que a resposta a esta questão é muito simples e clara. O Governo do Zimbabué NÃO sabe como funciona a Internet. Estão completamente perdidos no que respeita à tecnologia e às ideias do século XXI. Por exemplo, não tiveram em conta a população da diáspora. A Internet não tem fronteiras geográficas, o que significa que não se pode impor uma lei para a limitar, a menos que se disponha de tecnologias extremamente avançadas para a aplicar. E quanto aos servidores externos? E a pesca ao gato? Que tal mensagens encriptadas? E quanto à codificação? A liberdade de expressão é extremamente difícil de contrariar e o Governo do Zimbabué deveria saber que não a deve suprimir. Trata-se de um ato de desespero que vai cair por terra. Pela minha parte, nunca, nunca, nunca serei silenciado. Tentem outra coisa.

EM UMA MISSÃO

-Contra a indisciplina

O segredo da felicidade e do sucesso na vida é saber quem somos e porque estamos aqui. A chave para a paz é ter uma cadeia de comando clara na sua vida. A humildade vem do facto de reconhecer que tem de receber ordens de alguém para se orientar na navegação desta selva mística chamada vida. Quem é o teu Mestre? A quem respondes? De quem são as ordens que segues? Estas são as perguntas que, se respondidas com sinceridade, revelarão quem realmente és e porque estás aqui.

A retórica da elite governante e dos elitistas do meu país centra-se estritamente na obtenção e no exercício do poder e nada mais. Até a sua música propagandística tresanda a adoração e orgulho nos políticos que foram elevados às suas posições por convite do chefe que se colocou a si próprio como um deus imortal e infalível. O que escapa a estes adoradores de ídolos (ZANU-PF) é o facto de serem eles que detêm o poder e não Mugabe e a sua cabala de fantoches corruptos e incompetentes. Precisam de olhar para trás, para a história do seu partido e não da nação, se quiserem compreender-se a si próprios como instituição governante.

O homem que tanto adoram e temem foi efetivamente nomeado para o seu cargo pelos membros fundadores do partido, que decidiram recrutá-lo pelas suas capacidades oratórias e nada mais. Será que não se aperceberam de que todos os cargos que ocupou no partido têm mais a ver com pregações e com o arrastar de multidões do que com substância e política? Se

Se Mugabe tivesse sido convidado para o cargo de tesoureiro do partido, o que, devo dizer, era perfeitamente exequível, uma vez que ele tinha formação nessa área, a sua competência teria sido revelada há muito tempo e ele nunca teria chegado ao zénite do poder.

Foi nomeado por apenas alguns dos fundadores do partido que depois o impuseram aos membros do partido em Moçambique, para onde tinha sido ajudado a entrar pelo Chefe Rekai Tangwena. Esta sua retórica de que foi colocado no poder pelo povo já está ultrapassada. Ele tem usado a mesma tática desde que chegou a Moçambique e tem-se livrado sistematicamente de qualquer pessoa que se revele um sério candidato ao trono em que se sente demasiado confortável. Achei revelador o facto de o Presidente ter dito abertamente aos seus homólogos da SADC, há cerca de dois anos, na África do Sul, que sempre que chega ao fim de cada mandato começa a refletir sobre o que realizou e encontra sempre enormes lacunas e défices que transfere para o mandato seguinte. Isto mostra que a única coisa que lhe interessa é o seu legado e não o progresso da nação.

Tenho a certeza de que o Presidente está agora, mais uma vez, como é habitual no final de cada mandato, a fazer a si próprio as perguntas acima referidas. Como é que vou ser recordado? Qual foi a minha missão? Porque é que fui colocado aqui? Tenho também a certeza de que o Presidente não está satisfeito com as respostas às suas perguntas. Se ele partisse hoje, sabe que o seu legado será: "O homem que destruiu uma nação próspera". Devia ter ouvido quando Julius Nyerere e Kenneth Kaunda o avisaram para não pilhar a "joia e o celeiro de África". O Presidente Mugabe falhou. Simplesmente falhou.

SOBRE IDEIAS

-Contra a obstinação-

Anna Eleanor Roosevelt, mulher do grande 32º Presidente americano Franklin

Delano Roosevelt, disse um dia que "as grandes mentes discutem ideias, as mentes médias discutem acontecimentos e as mentes pequenas discutem pessoas".

Devo salientar que Anna Eleanor Roosevelt foi também uma notável política, ativista dos direitos humanos e diplomata por direito próprio. É possível traçar semelhanças entre ela e a nossa Primeira Dama, se as observarmos cuidadosamente. Eleanor foi a Primeira Dama que mais tempo esteve no poder, uma vez que o seu marido, carinhosamente conhecido por FDR, ocupou a Casa Branca durante quatro mandatos, sem precedentes, devido à participação dos EUA na Segunda Guerra Mundial. É aqui que começam e acabam as semelhanças: a longa permanência no poder de ambos os maridos. Todos sabemos que a nossa Primeira Dama é uma péssima política, uma violadora dos direitos humanos e, definitivamente, não é uma diplomata.

Tomei a meu cargo o estudo das constituições e das propostas políticas de um grande número de partidos políticos da oposição no Zimbabué (que ascendem a cerca de 50) e fiquei profundamente impressionado com algumas das ideias que vi e ouvi. O que me preocupa é a incoerência e a viabilidade insatisfatória da aplicação efectiva dessas boas ideias. A ZANU-PF criou um ambiente retrógrado e intolerante a quaisquer ideias nobres que não envolvam corrupção ou nepotismo. Também provaram ser incompetentes quando se trata de implementar as suas próprias boas ideias. O Comando da Agricultura é um bom exemplo. A ideia é progressista, mas foi contrariada pelos seus próprios líderes partidários, sobretudo pelo infame propagandista humpty-dumpty, que mostraram desdém por uma boa ideia que produziu efetivamente resultados louváveis.

O que o Zimbabué precisa é de uma mudança radical na sua mentalidade, deixando de classificar as ideias por origem partidária e passando a analisar ideias novas e progressistas com base no mérito e na viabilidade. É certamente contraproducente que os partidos políticos guardem as suas boas ideias nos seus armários sem as oferecerem ao público para serem examinadas e validadas. Por outro lado, sou forçado a admitir que esta partilha de ideias pode ser uma tentativa fútil, tendo em conta a obstinação que guia as operações da ZANU-PF. Escusado será dizer que os perigos que a nossa nação continua a enfrentar são um resultado direto da arrogância e da tacanhez do Presidente Mugabe. A sua atitude de ser um sabe-tudo não nos levou a lado nenhum e é exatamente esta atitude que faz dele um ditador.

Como sempre, as Sagradas Escrituras oferecem orientação sobre a forma correta e eficaz de aproveitar o poder das ideias ou da criatividade. Quando o Senhor revelou a sua omnipotência a Job, em Job 38, começou por dizer: "Quem é este que obscurece o conselho com palavras sem conhecimento? Isto resume a pergunta que temos de fazer à ZANU-PF: quem são vocês para nos governarem sem conhecimento? Identifiquei o principal problema do Zimbabué. É a falta de constitucionalismo. O governo não teme nem sequer respeita a Constituição, tal como a maioria dos partidos políticos não segue as suas próprias constituições. Tanto a ZANU-PF como o MDC mostraram desrespeito pelas suas próprias constituições. O segundo problema, intimamente ligado ao problema principal, é a rápida proliferação de demarcações ideológicas sob a forma de partidos políticos díspares. O que precisamos é de uma ideia radical e eu proponho-a aqui. Que tal abolirmos todos os partidos políticos e elaborarmos uma única constituição que todos temam e respeitem? Uma constituição que não possa ser alterada ou abusada.

Em suma, proponho que façamos um referendo para colocar a Bíblia Sagrada como nossa constituição. Isso resolverá TODOS os nossos problemas de uma só vez.

SOBRE O DOGMA

-Contra a divisão ideológica

O dogma é a maior ameaça à sobrevivência da nossa espécie neste planeta. Será que não aprendemos com a nossa própria história? Todas as grandes guerras que resultaram na quase extinção de certos subgrupos da nossa raça humana foram desencadeadas e alimentadas por diferenças de ideologia. Os cruzados, o ISIS, o Estado Islâmico, os nazis, os comunistas e os capitalistas são apenas uma amostra da lista interminável de ideologias que conduziram todas as nossas grandes guerras.

É lamentável que o nosso próprio Zimbabué não tenha sido poupado a esta perdição. O que criámos para nós próprios foi um movimento de socialistas, comunistas e tribalistas sob a forma da ZANU-PF. É mais do que tempo de os zimbabueanos começarem a olhar para a história como ela é e não como foi. A história continua a registar que a ZANU-PF foi criada pelo povo, sendo este povo os rodesianos negros. Só este facto revela o poder que o povo tem quando se une em torno de um ideal. Foi aqui que o problema começou. Desde a morte de Nehanda Nyakasikana, este país nunca esteve tão unido como durante a segunda chimurenga. Os múltiplos partidos da oposição que têm surgido desde que a palavra "política" foi introduzida na nossa língua são todos filhos da ZANU-PF. Até Morgan Tsvangirai foi ativista da ZANU-PF em determinada altura. Ele próprio o disse na sua autobiografia, At The Deep End.

A lógica é que, para que o povo do Zimbabué possa ter uma verdadeira mudança, que diz querer mas para a qual não está disposto a trabalhar, deve fazer o mesmo que a ZANU-PF fez, ou seja, unir toda a nação com um único objetivo. Foi esta constatação que obrigou recentemente os nossos partidos da oposição a sentarem-se e a elaborarem um plano. É aqui que eles começam, mas é aqui que eu termino. Acredito que o sonho de uma "grande coligação" é a única saída, mas tenho um problema com a sua implementação, da mesma forma que concordo com a necessidade de recuperar as nossas terras, mas abomino a forma como foi levada a cabo. É cientificamente, mais concretamente matematicamente, impossível que a fórmula aplicada dê os frutos desejados.

Se um grupo de pessoas decidir alcançar um objetivo comum, mas optar por começar do ponto de divisão e trabalhar até à unidade, então esse processo entrará definitivamente em colapso, pois estará a mover-se contra a gravidade. Newton ensinou-nos que, se quisermos mover algo, é mais fácil e mais sensato movê-lo para baixo do que empurrá-lo para cima. O maior obstáculo a uma aliança unificada da oposição é o facto de não terem um objetivo comum. Existem duas facções subliminares principais no espaço da oposição. Há um grupo que quer uma mudança de governo e há outro grupo que quer uma mudança de governação. Por outras palavras, um grupo quer o poder e o outro quer o progresso. Esta dicotomia é tão letal como a que persiste na ZANU-PF, onde as coisas são muito mais claras. O que isto significa, então, é que a verdadeira mudança, a mudança de que precisamos e não necessariamente a que queremos, é uma revolução total que inaugura uma nova

forma de pensar.
Até o nosso Chefe de Estado coletivo, Jesus Cristo, disse: "Se um reino estiver dividido contra si mesmo, esse reino não pode subsistir", em Marcos 3:24. Na verdade, é fácil para o Zimbabué estar unido como nação neste momento da história. Já temos algo em que estamos de acordo, mas continuamos a criar divisões artificiais e completamente desnecessárias baseadas em dogmas. A investigação provou de forma clara e consistente que quase 85% dos
Os zimbabueanos são cristãos. Ser cristão significa que se acredita nos ensinamentos da Bíblia e, mais especificamente, que se é "como Cristo", para o dizer literalmente. Por que razão, então, estamos a ter divisões se já temos uma ideologia comum que a história provou ser a única ideologia real que todos os seres humanos devem seguir e pela qual se devem reger. Por que não escolher a fórmula testada e comprovada e deixar de lado todas essas diferenças vãs?
Não é certamente uma tarefa impossível, como foi dito em Mateus 19:26. Na verdade, é a solução mais fácil e direta. Não foi Ele que disse: "E outra vez vos digo que, se dois de vós concordarem na terra a respeito de qualquer coisa que pedirem, isso lhes será feito por meu Pai que está nos céus" em Mateus 18:19? São necessárias apenas duas pessoas para mudar esta nação, agora imagine se houver milhões ou mesmo apenas milhares a rezar por esta mudança específica. A escrita está na parede.

Printed by Books on Demand GmbH, Norderstedt / Germany